即兴的智慧

（修订本）

[美] Patricia Ryan Madson 著
七印部落 译

华中科技大学出版社
中国 · 武汉

说Yes!

别准备

随时开始

即刻现身

Be average

放平常心

细心观察

面对事实

别忘了目标

不要错过上帝的馈赠

Make mistakes, please

求求你，犯个错

Act now

立即行动

互相关照

Enjoy the Ride

享受生活

献给我的母亲

Virginia Louise Pittman Ryan

1920—1998

她永远在说Yes

献给我的丈夫

Ronald Whitney Madson

我即兴人生的伴侣

我要由衷地表达谢意，

向四十年来，

出现在即兴课堂上，

尝试过我疯狂建议的每一位同学。

因为你们，

我拥有了这世间最伟大的职业——

教师。

有道是世间智慧有两种：
一种来自书塾，学识留下的记忆。
看书本所著，听师长所述，
学古时旧理，习新式科技。
依掌握知识的多寡，
评判你智慧的高下。
驰骋于知识的疆域，
凭借学识出人头地。

殊不知，
还有另一种智慧。
它无需知识灌溉，
不会干涸或腐坏。
它是不停流淌的源泉，
从你的身体里，
不断地恣意挥洒出去。

——鲁米，“两种智慧”
译自Coleman Barks翻译的英文版

即兴，让你有一颗不老的心

你还记得2005年自己的生活是什么样的吗？那一年，《即兴的智慧》在美国出版。9年后的2014年，这本书的简体中文版在中国出版。如今，近十年过去了，我们已经来到了2022年。世界变化之大，超乎我们的想象。新冠疫情让全世界进入了一种“新常态”，这场危机改变了很多人的生活。

唯一不变的恰恰是变化。

我希望这本书可以帮助你应对不断变化的世界，应对失误，应对意外，并学着从身边的寻常小事中发现惊喜。仔细想想，日常生活的每时每刻，我们都是在即兴发挥，即便我们尽最大努力做计划、做准备，仍然改变不了这一事实。

你最后一次听到“一切正照计划进行”是什么时候？如果我们大部分时候都处在即兴发挥的状态，那为什么不听听来自专业即兴表演老师的建议？

书中的建议来自我在斯坦福大学教授的即兴表演课程。这本书如今已经翻译成9种语言，在美国、英国、德国、中国、韩国、日本、意大利、墨西哥和俄罗斯出版。它能让你变得更善于倾听、更懂得感恩，也更自信。

2019年，我非常高兴同来自中国的徐思远和裘烨春一起生活与工作。他们创办了“一起即兴”（EasyImprov），并不断探索如何将即兴表演的理念和练习用于应对变化、激发创造力。他们从上海来到斯坦福大学的课堂，向我学习，并成为助教，和我一起教授即兴表演。随后，他们把即兴的思维和智慧带回中国，在企业、剧场、社区等更广阔场景下探索其可能性。

无论你是大学生、创业者、打工人、家庭主妇、医务工作者、艺术家，还是求职者，都可以从即兴表演中得到启发。在有些地方，即兴表演也用来培训警察，帮助他们更好地应对突发状况。即兴表演还可以给设计师带来灵感，帮助他们设计新产品。医护人员也可以从即兴原则中得到启发，更好地照顾像阿尔兹海默症这样的认知障碍症患者。

这一切的奥秘就在于它用一种简单的方式看事物：它教你积极、肯定、宽容；接纳一切；善用一切资源解决问题；它教你乐于助人；支持他人的工作和梦想；在团队中积极协作；培养感恩之心。

我诚恳地邀请你加入即兴表演的世界。你可以更加细心地观察你所生活的环境；你可以随时随地开展新项目和新工作；不要担心犯错。错误不是敌人，很多时候，它们还能提供解决问题的新途径。

即兴表演的精髓可以浓缩成四个A：觉察（Attention）、接纳（Acceptance），欣赏（Appreciation）、行动（Action）。学习即兴表演能帮你掌握这4个A，并运用到生活里。

书中的原则都很简单、易于理解，甚至是常识。只是我发现这些常识正在逐渐被人遗忘，我们已经习惯把自己困在生活的条条框框里。是时候让更多人对生活Say Yes，接纳和欣赏生活送给我们的礼物了。

我非常高兴能把这本书献给我的中国读者！愿你的即兴人生精彩纷呈！

让我们开始吧！

Patricia Ryan Madson

EL Granada，CA

2022年6月

接纳一切

“我的回答是YES！”

2018年，我给Patricia发了一封邮件，询问能不能去斯坦福大学学习即兴表演。这是她给我的回复。从此，我开启了真实自我的探寻之旅。

像很多平凡女孩一样，我很听话，学校教什么、家人说什么，我都“哦”。我是个很纠结的人，不喜欢做决定的性格背后，藏着对改变的抗拒，和对失败的恐惧。我让别人替我的人生做大大小小的决定，然后可以“甩锅”给他们。

去哪家餐厅吃饭——随便。上哪所大学——你们定吧。就连2015年上的第一堂即兴表演课，都不是我自己报的名。没有人会想到，两年后，即兴成了我生命最重要的部分。刚上A班的课时，为了躲避自我介绍，我会故意迟到。课上玩的游戏很疯很蠢，让我这个内向者时刻处于社死崩溃边缘。表演练习时还不能和队友商量剧情和台词，上课堪比上刑，毫无享受可言。

但奇妙的事情悄悄发生了。尽管我不喜欢上课的形式，但友爱的同学们吸引我的两条腿和整颗心以又期待又忐忑的状态继续学完了B、C、D、E班。很多人听说我写了邮件就去斯坦福大学学即兴表演的经历感叹说："你真勇敢。"如果2018年的我知道2019、2020年的我要面对的天气、语言障碍、路况，以及后来的疫情，我一定不会启程。有时，未知里不只藏着恐惧，还有我们自己都没见过的勇气。

如果你想见证奇迹，除了成为魔术师，还可以玩即兴表演。人际关系从来不是一个简单的课题，但是在即兴课堂上人和人怎么就变得心贴心了呢？从2018年至今，我们在数百场企业培训和表演课上，见证了一万多人通过玩这些有点蠢蠢的即兴游戏而建立了真诚的关系。这件事，既简单又难。简单的是游戏，玩游戏时，总是能听到满屋子的笑声。难的是要舍己。每个人都需要为彼此"舍命"，因为时间就是生命，当你放下手机，放下工作，放下没着落的房租，专注于当下，全神贯注地倾听、支持你面前的人，你就是在为对方奉献你的生命。

"这不是关于你自己的课。"这是Patricia的即兴表演课开场白。即兴表演就像照妖镜，照出我内心那个很大很大的"我"，每当我思考下一句台词时，就是以自我为中心的征兆。无论在舞台上，还是生活中，我身边总有人在等待我去支持他们。

"最好的学是教。你已经拥有你所需要的一切。"Patricia用这句话鼓励我开始在中国开课。一期接着一期。一个内向的人，要走出家门，站在一屋子人面前，带领一场又一场工作坊。坦诚地说，我从未真正克服要面对很多人讲话的恐惧。很多人不相信我有社交恐惧，我虽然恐惧却依然可以去做这件事，因为人们一次次用笑声和爱鼓舞了我。爱是人与人之间最珍贵的东西，无论是伴侣之间、亲子之间、陌生人之间、邻里之间、还是同事之间的爱。

我也不知道为什么即兴能带来这些奇迹。人并不是总能搞明白身处的环境。不过，即兴的智慧能让我们建立起彼此相爱的关系。即使我们无法预知下一秒会发生什么，也不能阻止我们此刻相爱。生活就是即兴的。

徐思远

2022年6月

你敢不敢即兴生活

在跟随Patricia教授学习即兴表演之前，我是不敢即兴生活的。Patricia让我明白了，即兴表演不只是好玩、解压、快乐，还能引发觉察和反思，唤醒接纳、包容和爱的力量，让我创造出无限可能。

你是光

我曾经向Patricia提问:“表演和假装有什么不一样？”Patricia没有直接回答，她反问我最喜欢的演员是谁，随后她说她最喜欢的演员是梅丽尔·斯特里普，并说伟大的演员都很真实，这和我想的完全相反。

她接着说:“每个人就好比是一束光。光谱上有很多颜色，就像是我们呈现出来的状态，是我们根据处境，做出选择的结果。伟大的演员也是光，他们允许并接受自己呈现出天使的一面、魔鬼的一面，以及光谱上的任何一种颜色。塑造角色就是在真实地展示自己。你是个和善的人，但你一定也有阴暗的一面，每个人都是如此。在光谱上无论选择什么，都是你，没有特别的好与不好。”

我觉察到，我之所以问这样的问题，是不敢接纳真实的自己，害怕戏剧的张力带来的冲突。我需要的正是书中的第一条原则——说Yes。不仅是对身边的人说Yes，也是对自己说Yes。这是一种勇敢的、乐观的生活态度。

注意力就是爱

Patricia教授的第一堂表演课的练习与名字有关，她认为记住他人的名字不仅是一种尊重，更是一种关注和连接。在Patricia的即兴哲学里，即兴表演是关于注意力的艺术。

“我们的注意力太容易分散了。每个人头脑里都有很多想法，还希望自己的想法是舞台上最好的想法。因为我们渴望被看见，从而忽略了其他人。在没有剧本的舞台上，演员们有的只是彼此，所以要把注意力放在队友身上，要爱你的队友，才能一起合作面对未知的表演。所以说，注意力在哪里，爱就在哪里。”

回国后，我们把名字练习发扬光大，鼓励参与者用昵称、电影人物的名字、偶像的名字。我发现这能让大家把注意力放到伙伴身上，带着好奇心关注名字背后的故事。倾听彼此的故事时，我们会感受到一种真正的交流，一种爱的流淌。

满足现实的需要

还有一次，我问Patricia:“即兴、即兴剧、即兴喜剧有什么区别？”她的回答又帮我打开了一扇大门。

“首先，即兴作为一种艺术有很多形式，我们做的是用戏剧的形式表演出来。其次，即兴剧不是刻意搞笑的喜剧，只是由于《台词落谁家》《周六夜现场》的流行，在大众的印象里，即兴剧更多是以喜剧的形式出现的。即兴表演是要在当下采取行动。除了在舞台上采取行动，还要去做现实需要你做的。不是你要什么，而是现实需要什么。现实远超我们的存在。当你采用即兴的方式生活时，你就会觉察到那个更大的现实。这是一种人人都有的，也能做到的自发性。”

生活中有很多我们可以采取行动的事，困住我们的只是思维，就像哲学家萨特说的，人是自为的存在，始终是有待形成的，所以，我们需要行动。

Patricia教会我接纳自己、关注他人、满足现实的需要。这也是即兴表演希望带给所有人的——爱自己，爱他人，爱世界。

即兴生活

住在Patricia家中时，我的房间里挂着她画的一幅画，上面写着“你已经是一名即兴演员了”（You're Already An Improviser）。想想也是，没有人生来就清楚该怎么生活，我们都要创作属于自己的人生剧本，自编、自导、自演。

即兴表演大师维奥拉·史波琳说过：游戏能触动和激发人的活力，唤醒人的大脑、身体、智力和创造力。《即兴的智慧》和我们在国内的实践，都是在以不同的方式唤醒人们，让大家看到自己的创造力和可能性。

让我们一起即兴生活，一起创造属于生命的无限可能。

裘烨春

2022年6月

目　录

开场白

我11岁时，家住弗吉尼亚州首府里士满。一天，母亲带回家一盒数字填色板[1]，画的是一棵枝叶扶疏的枫树。我闻着彩色颜料的味道，摸着丝般柔滑的笔刷和富有质感的卡片，爱不释手。我照着说明和数字编号给枫树上色，谨慎地把颜料涂抹在规定的格子里，生怕涂出界。这幅严谨的“作品”看上去很漂亮，父亲骄傲地宣布：“佩茜是个小画家了！”此后，父母又给我买来更多的填色游戏，我小心翼翼地画着，从来不敢越雷池半步。

自那以后，我变成了乖乖女，凡事谨小慎微，循规蹈矩。虽然自诩是艺术家（我最想成为戏剧艺术家），可我总是严格遵守规则：刻板地按照剧本排练，一丝不苟地模仿大师的表演。对我来说，表演不过是记住他人写就的台词，把它们演出来，就这么简单。为了实现当教师的梦想，我前往韦恩州立大学

---

1 数字填色板以一副成画为基础，去色后加工成线条和数字符号，绘画者只需在标有数字编号的填色框内填上相应的颜料，就可以绘制出大师级作品。

（Wayne State University）攻读硕士学位。毕业后，我进入希博利经典剧目表演公司（Hilberry Classic Repertory Company），在那里工作了三年，参加了上百场演出。之后我接受俄亥俄州丹尼森大学（Denison University）的邀请，担任助理教授一职，教授表演。一心渴望平凡、稳定、可靠生活的我，在格兰维尔的山上租下一所房子，开始收集家具和艺术品，还认识了一群志同道合的同事和朋友。

这真是我梦寐以求的工作：稳定（尽管并不丰厚）的收入、良好的福利、受人尊敬、充裕的假期，以及加入教职工大家庭的安全感。为了保住这份工作，我必须获得终身聘用资格。我仔细研究大学的聘任制度和人际关系，主动接受一切可以让我的学术履历出彩的工作。我担任学校管理审查委员会主席，并在五大湖高校联盟合办的纽约艺术表演活动中担任丹尼森区域总监。我尽量结识那些可以帮助我留任的同事。我在系里教授九门课程，只要有同事请假我就主动代课，大家都很喜欢我。任教第五年，我获得了大学优秀教师奖。履历上，我的课外活动、业务表现、授课经验都无可挑剔。终于，我等来了终身聘用资格评审，答辩进行得十分顺利。我胸有成竹，准备在格兰维尔市买房，甚至连首付款也已预备妥当。不久后，评审结果出来了：“很抱歉”。

通知书肯定了我勤勉的工作，同时指出我的教学“缺少独特的才华”。我不明白，我不是刚刚获得优秀教师奖吗？我循规蹈矩、竭尽全力地工作难道没有给校方留下好印象？我一直在条条框框里作画，分毫不差，到底是哪里出了错？

我从不冒险，从不跟着感觉走，从不聆听内心深处的声音。突然，莎士比亚笔下的人物波洛涅斯的台词“做真实的自己（To thine own self be true）”闪过我的脑海。是的，我从不曾面对真实的自己。我从来没有想过人生还有另一种活法，一种不需要提前写好剧本的活法。只有聆听自己内心的声音，相信自己，才能体验这种生活。

为了获得终身聘用资格，我全力以赴取悦校方。我不明白人的真正价值恰恰来自对自己的尊重，一味“讨好”他人注定会失败。所有我尊敬的人都不会像我这样时刻在意自己是否被旁人认可，他们是自己的主人，只做自己认为该做的事。寻求外界的认可让我丧失了独特的自我。

丹尼森大学拒绝我是有道理的。我本以为自己的学术生涯就此结束，再也不会有大学要我了。我又错了。在我落魄潦倒之际，宾夕法尼亚州立大学（Penn State University）戏剧专业的系主任邀请我担任助理教授，教学生表演和发音。原来，前任助理教授临时辞职，而我恰好满足条件。机会失而复得，我喜出望外。

我发誓，这次绝不再为取悦他人或赢得荣誉而做自己不情愿做的事。我要依照自己的节拍，演奏属于自己的旋律。就像一名初学打鼓的新手，我开始笨拙地挥动鼓槌。我不再想方设法为履历增彩。我开始练习太极，利用暑假旅游和跳舞，研究东方的宗教，开拓自己的视野。我眼中的戏剧不再局限于方寸舞台。我尽情地探索着、幻想着、表演着。我睁大双眼，四处张望，不断接纳新事物。当时我并未发觉我已经开启了即兴人生，发挥自己的想象力，聆听自己内心的声音。

两年后，斯坦福大学邀请我主持该校本科生表演课程的教学工作。既然加利福尼亚需要我，那我就去吧。当我在人生的课堂上即兴发挥时，我的学术生涯也变得一帆风顺。1977年夏天，我驾着一辆配有锦缎座椅、外壳生锈的薄荷绿水星侯爵轿车横穿美国，赶往素有农场之称的斯坦福大学。

跳出条条框框

1980年初，我旅行至日本京都，打算买一张风景画明信片寄回家。我在街头闲逛，无意中走进一家艺术品商店。我拿出日文词典，对着女店员一个音节一个音节地念着："hagaki, onegaishimasu（明信片，谢谢！）"那位微笑的女店员快步走向柜子，取出一盒12张装的明信片。她把明信片放在柜台上，很高兴自己听懂了我的要求。这是一套用水彩纸制成的空白明信片，可我要的是印有风景画的明信片。不等我开口解释，她又拿来一盒迷你的水彩颜料，不到明信片一半大小。颜料盒里有一支小巧的水彩笔，把笔盖取下套在笔的末端，笔就变长了。多漂亮的小玩意呀，我有点动心了，加上不想让这位热心的女店员失望，于是我买下了明信片和水彩颜料。

离开商店，我走进一座毗邻寺院的公园，在一张长凳上坐下。精心照料的花园里绽放着桃红色的杜鹃花。我用装饼干的小盒子从饮水池取了一点水，打开颜料盒，取出空白的明信片，不知该画什么。“佩茜是个小画家了！”爸爸的声音又在耳中响起。我感到好笑，我哪里是什么画家？既然我不是画家，那画什么都没关系，就当是消遣吧。于是我开始即兴发挥，我看着杜鹃花，用笔刷轻轻地蘸着颜料，勾出一抹桃红、刷上一片绿……一朵花、一棵树。线框和数字全部消失，我看见了不受条条框框约束的世界。

人生是一场即兴表演

人生是一场即兴表演，随时可能结束，幸运儿可以演很久，但对某些人来说，这出戏结束得太早。我不会是第一个提醒读者珍惜时间、尽情享受人生的作者。

有些学生觉得人生有所欠缺，他们来听我的课，希望从即兴表演中找到答案（即使他们不相信自己有能力弥补欠缺）。他们把即兴演员想象成有天赋异禀的一小群人，具有魔法般的能力、才智和魅力。

其实，即兴表演的能力与才智无关，它既不要求你有超群的智商，也不要求你具备喜剧天赋。优秀的即兴演员是头脑和感官都被唤醒的人，懂得观察，不以自我为中心；他们想做些有益的事，想要回馈他人；他们被这些渴望激励着，并根据直觉做出反应、采取行动。

不少学生问我如何加入这个神秘的团体，如何才能做到从容表演、自由发挥。秘诀就是说Yes！理解Yes的力量很容易，难的是在日常生活中不断接受并肯定发生的一切。

我写这本书的目的是鼓励读者在人生的舞台上即兴表演，把握人生的机会，多冒险，多犯错，多欢笑，多做自己真心想做的事。请你细心体会人与人之间的那种微妙的依赖关系。你的存在依赖于其他人的付出，哪怕你从未留意这一点。如果你采纳本书的建议，尝试了新事物并有所斩获，我会衷心地为你喝彩。

我积攒的感谢信和电子邮件越来越多，这些信件极大限度地激励着我。写信的大多是我的学生，既有大学生也有成年人，他们通过即兴表演获得了鼓励与认可，找到了渴望已久的答案。

这些故事都是真人真事，每一个故事都记录了一次释放潜能的冒险。为了保护当事人的隐私，我叙述故事时使用了化名，但愿他们能从书中找到自己的影子。

“9.11”恐怖袭击事件发生之后，安全被摆到了首要位置，所有人都变得更加小心，不敢轻易冒险。国土安全变成了国家的口号。旅行，这项生活中最重要的即兴活动开始骤减。由于害怕失败和当众出丑，人们本来就不太愿意尝试新事物。现在的情况更是雪上加霜，我们正在迅速退化成一群倔驴和宅男宅女。科技是一把双刃剑，它为懒汉提供了太多便利，连出门租影碟的麻烦也省了。还有什么东西是我们足不出户身着睡衣对着电脑买不到的？有些人即使出门也只是去逛商店、购物。难道把时间留给朋友和邻居就这么难？我们的日常生活和梦想究竟怎么了？

我们错过了什么？摆在我书桌上的镇纸刻着这样一句话：“如果世界上没有失败，你最想尝试做什么？”问问自己，你最想做什么？

当然，作为即兴演员，我们并不需要这种不切实际的假设。对我们来说，什么都不做才是真正的失败。现在就行动起来，跳出条条框框，开始实现自己的梦想。本书将激起你的灵感，并提供实用的建议。一起来尝试吧。

即兴演员的世界

有一个秘密的组织，最初被称为即兴剧世界。从1980年开始，我就是这个组织的成员。我创办了斯坦福即兴剧团（Stanford Improvisors，简称SIMPs），后来成为国际即兴剧大家庭中的一分子，与众多著名的团体齐名，包括合法死亡鹦鹉（Legally Dead Parrots）、BATS（Bay Area Theatresports）、真小说（True Fiction Magazine）、无安全网（Without a Net）、紫色蜡笔（The Purple Crayon）等。这些团体为了研究和表演即兴剧而自发联合起来，它们的成员有一个共同特点：喜欢说Yes。

和这些人相处很容易，大家都是乐于尝试的人，充满了协作精神。如果我忘了什么，同伴会替我补位。每个人对他人的付出都心存感激，常常听到有人道谢，对不起也总是挂在嘴边。我们从来不开会，只管放手尝试，大胆实践。犯了错就改，冒犯了他人就道歉。我们喜欢吹牛，编些瞎话，搞头脑风暴。工作充满了乐趣，大伙笑声不断。我们也把舞台上的合作方式运用到生活里，将艺术和人生有机地结合起来，这就是即兴表演的能力。基思·约翰斯通（Keith Johnstone）认为这种习惯是可以后天习得的，他在《即兴剧》（Improv）一书中这样激励我们：

> 有的人喜欢说Yes，有的人喜欢说No。喜欢说Yes的人生活充满了冒险，喜欢说No的人安于现状。

虽然说No的人远比说Yes的人多，但只要稍加训练，

就能产生不可思议的变化。

即兴演员不需要剧本，可以在舞台上随性发挥，默契合作，共同推进剧情发展。有人看过即兴表演后带着羡慕又不无遗憾的口吻说:“我永远做不到他们那样。”其实，每个人都能做到。即兴演员并非天赋异禀的超人，他们不是罗宾·威廉姆斯（Robin Williams）[2]那样的表演天才，他们和大家一样是普通人。事实上，人类天生就是即兴演员。

人类有即兴发挥的天赋。除了那些必须严格按照剧本表演的人，每个人的一生都是在即兴发挥中度过的。既然我们都是人生舞台上的即兴演员，为什么不演得更专业一点？即兴表演是一个比喻，是一种途径，是演员和音乐家几个世纪来一直在使用的技巧，是每个人都可以学习和运用的生活方式。请你设想这样一种自在的、活在当下的状态：毫不费力地应付严苛的老板，轻松地管教调皮的孩子，自信地在会议上即兴发言，泰然自若地面对命运的捉弄，随时准备冒险，品味活着的感觉。即兴是开启正念[3]和潜能的钥匙。

---

2 罗宾·威廉姆斯是美国喜剧演员，曾赢得奥斯卡金像奖、金球奖、美国演员工会奖、格莱美奖等殊荣。其代表作有《死亡诗社》《窈窕奶爸》《人工智能》。

3 正念（mindfulness），佛教用语，指专注于当下、有意识地觉察的状态。

我从事即兴表演的教学工作已有30多个年头，方才总结出一些原则和道理。在此期间，我不仅担任斯坦福大学戏剧学的教学工作，还出任各类企业的创意顾问，并提供私人咨询服务。迄今为止，除了爵士乐（众所周知，爵士乐是一种强调即兴表演的音乐形式），戏剧表演是培养即兴发挥能力的主要途径。进入互联网时代后，即兴表演训练不只是戏剧演员的必修课程，更是受到各类人群的追捧，比如企业家、工程师、求职者、全职太太、瑜伽学员，甚至禅宗爱好者。近年来，它自成学派，被应用到企业培训、团队合作、心理治疗、教育成长等多个领域。即兴表演训练在专业领域如此受欢迎，在日常生活中它又扮演着什么样的角色呢？如前所述，在生活的舞台上我们除了即兴发挥，其实别无选择。有证据表明，家庭成员、伴侣、同事、邻居一起进行即兴表演练习可以促进共同的成长。培养即兴发挥的能力可以让我们带着幽默感，游刃有余地应付生活中的挑战。

我的一名学生曾说：“即兴发挥是灵魂的太极拳”。它可以帮助我们从僵化的思考行为习惯中解脱出来。对大多数人来说，年龄是一种障碍，它让我们越来越依赖熟悉的事物，害怕冒险。年龄越大的人越容易排斥新事物，越封闭保守、食古不化。如果一个人抱着固定思维不放，整天吹毛求疵、冷嘲热讽，那么生命的火焰就会逐渐熄灭。基思·约翰斯通把这种状态称为“暗淡的世界”。

随着这种昏暗的色泽慢慢浸染生命的画布，渴望重新发挥造创力、重新观察多彩世界的冲动有可能再度涌现。这就解释了茱莉亚·卡麦隆（Julia Cameron）的《创作，是心灵疗愈的旅程》（The Artist's Way）一书广受欢迎的原因。这是一本讨论如何探索和重新获得艺术创造力的书。我和卡麦隆一样，相信每个人都是艺术家，只要你愿意行动。

显然，开启自我创造力的途径远不止一种。相比其他途径（比如写作和绘画），即兴表演练习更容易让我们学会如何与他人和谐地、愉快地相处，这正是大多数人所渴望的。练习即兴表演不仅是为了表现自我，更是为了以直接的方式与他人沟通、交流。

即兴表演引导我们放松自己，放下成见，重新审视世界。它为那些企图掌控生活的人提供了另一种选择。它鼓励我们多说Yes，尽可能地向他人伸出援助之手，少争强好胜，少逞口舌之快。它是另一种工作和生活的态度，熟悉东方文化的人一定不会觉得它陌生。

我有两位精神导师：一位是戏剧理论大师基思·约翰斯通，他是即兴表演经典著作《即兴剧》的作者，也是国际即兴剧场运动会（International Theatresports）的创始人；另一位是心理学权威大卫·雷诺兹（David K. Reynolds）博士，他从事人类学和日本心理学的研究，提出了"建构生活（Constructive

Living®)”理论。建构生活的观念与即兴表演的智慧不谋而合。这两位导师的研究深深影响着我。大约10年前，我将这两位导师的研究汇聚在一起，融入了我的教学工作。我把即兴表演的舞台当成教学实验平台，尝试把心理学理论运用到教学中，和学生一起探讨有意义的生活并加以实践。起初，学生只是出于好奇选修这门课，但在课程结束时得到了意外的收获。

我对这两位精神导师的感激之情无以言表，他们的理论不仅提升了我的职业技能，而且让我的个人生活变得更加丰富和平衡。他们两位的智慧也弥漫进了整本书里。我盛情邀请所有人都加入即兴演员的行列，成为我们“精英团队”的一分子。你已经拥有了进入即兴表演世界的通关密码：说Yes。

最早的即兴演员

早在人类知道制订计划之前，即兴发挥就存在了。在好几千年里，我们的祖先只活在当下——只在遇到困难时才考虑如何解决眼前的问题。他们睡醒后小心翼翼地环顾四周，肚子饿了才四处寻找食物，觅得食物后高兴地与同伴分享，高兴就放声大笑，困了再找干爽温暖的去处睡觉。

然而，生存离不开计划。如果每次觅食都只凭运气（树上掉落的野果、恰好从身边游过的鳟鱼等），一有食物就狼吞虎咽地吃光，那么原始人类肯定无法挨过漫长的寒冬。为了生存，先人必须预见危险，未雨绸缪，储存粮食以备不时之需。人类为了生存，不得不作出妥协，开始学习替未来操心。历史翻开了新的一页，这种进步标志着即兴生活的结束。可是，人类也为大脑的这种进化付出了代价。

几千年后，我们发现自己被各种计划勒得几乎喘不过气来。安全、稳妥永远是我们首先要考虑的因素。明明应该立马采取行动，我们却还在制订计划、权衡利弊、思前顾后、犹豫不决。我们无休止地罗列清单，甚至创建各种理论，就是不采取行动。长此以往，我们变得愈发因循守旧、故步自封。

虽然日常生活表面上可以分成很多一成不变的片段（比如起床、煮咖啡、取报纸、上班等），但是具体细节和实质内容每次都不一样。无论贴上什么样的标签，现实生活永远可以是新鲜的、变化的。究竟是按部就班、浑浑噩噩地活下去，还是释放生活多姿多彩的一面，请你做出选择吧。

即兴表演是可以学习的技巧吗？当然是。你也许会感到惊讶，但它确实是一种可以学习的技巧，而且有一系列明确的规则，告诉你如何行事，如何在灵感涌现时集中注意力（比如，即兴演员要学会快速记住每个角色的名字）。

即兴表演可以让我们品尝到自由的最原始滋味。那是一种令人兴奋的生存方式，是我们的祖先在开始制订各种烦琐的计划之前曾经体验过的。达尔文也曾表达过类似的观点，他写道："在漫长的人类史（以及动物史）上，占优势的永远是那些能够学会合作和即兴发挥的物种。"虽然人类的身体具有与生俱来的即兴发挥潜质，但是很多人仍然否认自己有即兴发挥的能力。即使耳闻目睹了无数成功施展天赋的榜样，我们仍然怀疑自己随机应变的能力，害怕犯错。可是别忘了，每当我们奋不顾身救人于危难之时，在那千钧一发之际大量分泌的肾上腺素就是最好的佐证，证明我们与生俱来的天赋——随机应变。人人都是即兴演员。

即兴表演不一定幽默

有人误认为即兴表演就是喜剧。虽然有些即兴剧确实是喜剧，但并非所有的即兴表演都是为了搞笑。德鲁·凯里（Drew Carey）的电视节目《对台词（Whose Line Is It Anyway?）》大受欢迎，这对即兴剧的推广和普及既有利也有害。现在电视观众把韦恩·布雷迪（Wayne Brady）和同伴之间快节奏的笑话与即兴表演画上了等号。是的，这些风趣的演员是在临场表演幽默短剧，但是即兴表演绝不止于喜剧。作为探索戏剧情境和角色特点的重要手段，即兴表演久负盛名。在音乐和舞蹈的创作中，它也一直发挥着重要的作用。

在生活中，即兴方法可以烹饪一顿美味的晚餐，制作一张赶在最后一刻手工完成的生日贺卡，构思退休欢送会上的感言。对那些未曾修补过漏气轮胎的人来说，补胎不啻一场即兴表演。所有为人父母的任务都是即兴表演，没有哪本书可以教你。所有的对话——说真的，所有自然而然的对话，如果你仔细想想——都是即兴表演。除了事先准备好发言稿、死记硬背的演讲，所有发言也都是即兴表演。

理解即兴表演的原理可以让你表现得更像一位技巧娴熟的爵士音乐家，而不是一个丢了乐谱的大号演奏者。别害怕，尽管放手尝试。本书将向读者详述即兴表演的法则——我称其为即兴的智慧。每一章都会解释一条特定的法则，指出常见的困难，并提供一些“试试看”的练习。读到感兴趣的，（如果条件允许）请马上投入练习。我收集了不少练习，希望读者至少挑选一部分去尝试。

一本游泳手册哪怕写得再详尽，在你真正跳下水之前，也毫无用处。学游泳首先要把自己泡在水里。学习即兴表演也是一样。我的目标是将你推离泳池边舒适的躺椅，领着你爬上那高高的跳台，鼓励你跳入清澈的池水。退一步讲，哪怕你面对的是一片难以穿越的泥泞沼泽，即兴的智慧也能帮助你继续前进。

即兴发挥的时机

请记住，即兴的智慧好比一种工具，它的应用永远不应该超出健康理智的范畴。它是一种生活态度、一种工作方式，强调灵活的心智和幽默感，却不是一种精确、科学的方法。它更像是一门艺术。传统戏剧中那些最逼真的表演都具有即兴发挥的成分，它们似乎是真的发生在当下，凭真实和自然打动观众。

成功的人生既需要规划，也离不开即兴发挥。要熟练地运用这两种技巧，就离不开平时仔细观察和甄别。有时我们需要“剧本”，那些有用的“剧本”（比如良好的习惯）应该珍惜保留。纯粹的任性绝不可取。曾经，在威尔士一家酒吧的橡木吧台上，我看到过这样一句话：“只有死鱼才随波逐流（Only dead fish go with the flow）”。毫无规划的生活会产生严重的后果，所以最好定期体检、提前订机票、及时给汽车加油、尽快缴纳停车费、现在就开始存退休金……

虽然生活中有许多事需要周全计划，但即使是那些需要事前仔细规划的活动（比如婚礼），也少不了靠即兴发挥来活跃气氛。而且，我们每一分每一秒的生命体验都是即兴的，哪怕它存在于某种结构或计划之中。生活中充满了机遇和挑战，我们永远无法预见所有的问题，只能即兴尝试解决它们，并努力从中寻找头绪和人生的意义。如何在大的人生框架下度过每一天，无疑是一场永恒的即兴表演。

鼓励即兴生活不是建议你以无所谓的态度对待人生。真正的即兴生活永远是负责任的行为，有着清醒的道德意识。有些人把卖弄机智看成优点，凡事打着随机应变的幌子，事实上是玩世不恭、自私自利。

生命之舵掌握在每个人自己的手里，不同的情况下要采用不同的航行策略。有时，我们要拼命划桨、逆水而上才能进入目标航道；而有时，不妨让生命之舟顺水而下，悠闲地欣赏沿途宜人的风景。

1982年，我向学校请了长达一年的假，去环游世界。我买了一张环游世界的单程机票，只要沿着规定的路线在十二个月内完成旅行（不能回头），每一站随自己高兴停多久都可以。买下这张机票的那一刻，我相当于制订了一个宏伟的计划，让我有了明确的目标，同时旅途中的每一站都是一次冒险。计划为即兴搭好了平台，只要迈出即兴的步伐，就一定可以到达彼岸。

掌好舵、看清前方——起航！

第一条原则

说Yes!

……是的，我说好，我接受。

——詹姆斯·乔伊斯

《尤利西斯》

第一条原则听起来很疯狂：无论遇到什么要求都尽量说好，尽可能接受所有邀请和建议，赞同别人的想法，加入他们的计划。多说“是”“好”“行”“没问题”“我愿意”，用一切能想到的方式表达你的肯定和认同。只要坚持多说Yes，你将进入一个全新的世界——一个精彩的、充满无限可能的冒险世界。《尤利西斯》中的人物，莫莉·布鲁姆（Molly Bloom）的著名台词将引领着我们进入她那无限欣喜的世界。人类渴望相互靠近，说Yes就像人类交往的润滑剂，将我们紧密联系在一起。Yes让我们一起上天堂，也让我们一起惹麻烦。可是，只要我们携起手来，一点麻烦又算得上什么呢？

多说Yes是即兴表演最重要的秘诀，它可以让一群从未合作过的演员毫不费力地一起即兴创作一幕戏剧，就像有心灵感应一般。相信同伴会毫不犹豫地配合我们的想法，这大大增加了每个人的安全感。人生苦短，何必浪费时间争论看哪部电影，想到什么就赶紧付诸实践吧。多说Yes可以让伙伴更快乐，同时也拓宽了自己的视野。别以为这样就是在做“烂好人”——盲目地随口附和别人。说Yes是一种勇敢乐观的态度，说完后你要付出行动，你要参与活动，并且承担责任。

格特鲁德是我的学生，也是三个孩子的母亲。她曾经向我分享过一次奇妙的经历，那是发生在她开始运用第一条原则后不久的事情。“上周五，我八岁的女儿萨曼莎突然哭喊着跑进厨房，‘妈妈，妈妈，衣柜里有妖怪’，她眼里闪烁着不安。要是从前，我会领着她翻看衣柜，然后告诉她：‘宝贝，衣柜里没有妖怪，那只是你的幻觉！’但我想到了Yes原则，于是我放下手里的活，很兴奋地说：‘真的有妖怪吗？太棒了！我们一起去看看。’我陪着她轻手轻脚地来到衣柜前，经过一场殊死搏斗，终于生擒妖怪。我俩不停地搔它痒，直到它难以忍受落荒而逃。这真是一次奇妙的经历，自那以后萨曼莎变得更信任我了。如果不是因为Yes原则，我绝对不会走进萨曼莎的幻想世界。真心感谢即兴表演。”

对所有事都说Yes无疑是不现实的，但请你尽量多说一些。一旦迈出这一步，你会发现自己以往是多么容易仅仅出于习惯拒人于千里之外，而自己却毫无察觉。改变这种习惯，你会有意想不到的惊喜。

我仍然记得四十年前的一天，我第一次有意识地运用Yes原则。那时我正在学太极拳。一天课后，同班一位我不太熟的女士问我是否可以搭我的便车回家。我通常会害羞地避开陌生人，我宁愿一个人安安静静地待着，也不愿意和不熟悉的人搭讪。如果在飞机上碰到爱唠叨的人坐在旁边，想到他（她）会一路絮絮叨叨，我的心情就会无比郁闷。那天，我找不到拒绝的理由，只好请她搭便车。我开着雪佛兰，载着她上了高速公路。我俩礼貌地寻找彼此都感兴趣的话题，从太极拳聊到了身体健康。我说自己一直受着背部疼痛的困扰，她马上说她以前跟我一样，她说认识一位医术高明的针灸医生，可以治这毛病。下车前，她把这位医生的名字和电话写在纸条上交给我，并且一再感谢我载她回家。

我才发现我顽固的习惯是多么可笑。我觉得让她搭便车是一种给予，但事实上似乎是这一切（或是宇宙？或是我的守护天使？我找不到合适的抽象名词用在这里）帮助了我：这位针灸医生真的治好了我的背痛。如果拒绝了那位女士的请求，我不可能得到这样的治疗。我暗暗发誓：今后只要力所能及，永远不再拒绝帮助别人。我承认当初说Yes是出于自私的动机，但是最终它却给我带来了智慧。瞧瞧，当我们向生活说Yes的时候，究竟是谁最终获益？

说Yes（表示支持并且付诸行动）可以避免我们犯"第八宗罪"——拒绝。拒绝的形式有很多，它是一种尝试控制形势的手段。每当我们想回避某件事情，或者想纠正别人的观点，或者想换个话题，或者想到了更好的主意，或者感到厌烦时，就会使用它。对大多数人来说，这种拒绝的习惯根深蒂固，以至于我们毫无察觉。我们不仅擅长拒绝别人，也惯于拒绝自己。每当这个时候，我们心里那个挑剔的批评家就粉墨登场了。"我没学过水彩画，还是别找麻烦了吧！我怎么可能画出漂亮的作品？""我做的饭菜永远都不会有妈妈做的那样可口，还是叫外卖吧！”这些拒绝往往巧妙地伪装成振振有词的大道理，而且擅长吹毛求疵。有些高明的拒绝技巧，乍听起来甚至像是同意，比如“好的，不过……”。

说Yes只是第一步。表达肯定之后，还要付诸行动，否则无异于在说“好的，不过……”。我有一个学表演的学生叫谢尔登，他从来不敢在表演中添加剧本以外的东西，要让他演剧情以外的内容，除非修改剧本。我猜他是因为害怕犯错。有一次，演对手戏的女演员即兴递给谢尔登一支假想的冰淇淋甜筒，他接过甜筒，却站在那里一动不动。谢尔登的反应看起来是肯定的，似乎是对那个点子说Yes，但接下来没有任何行动，只是茫然地握着甜筒。没办法，女演员只好一个人推进剧情发展，她又喊道：“象群就要来了，就在这帮小丑的后面！”谢尔登仍然无动于衷，这时他在舞台上反而显得特别突兀。谢尔登说了Yes，却不敢采取行动，我们都替他惋惜。即兴演员应该懂得，分享故事的控制权是享受即兴表演的唯一方式。

Yes原则也可以用在人际关系上，比如当朋友向你吐露他的计划和梦想时，你可以发挥自己的想象力帮助他进一步丰富他的构想，你们双方都将从中获益。与陌生人相处时，不妨主动介绍自己，分享你的兴趣、爱好与梦想，这是向他人敞开友谊之门的最佳方式。

试试看

支持他人的梦想：从你身边的人（伴侣、孩子、老板等）里挑选一个对象，在一周时间里，肯定他（她）所有的想法。从他（她）说的每一句话、做的每一件事里寻找积极的一面。把自己的事暂时放一放，抓住每一个机会，优先帮助他（她）实现想法。坚持下去，看看会有什么结果。

当我们用积极的态度面对人生时，生活也会显示出积极的一面。凯瑟琳·诺里斯（Kathleen Norris）在《奇异恩典（Amazing Grace）》一书中指出了说Yes的冲动与信任能力之间的联系。“敏感的婴儿一个月大左右就开始学习生词。他（她）尝试着从各种嘈杂的声音中寻找有意义的发音组合……终于，简单的词汇出现了，通常先是‘妈妈’‘爸爸’‘我’，接着是适用于各种用途的‘不’。而‘好’（代表无条件地接受）是最难学会的，不仅对儿童是这样，对成年的父母也是一样。第一次说Yes无异于一次信仰的飞跃，因为婴儿要置自己于令人不安的环境或陌生的关系里。在毫无经验可借鉴的情况下，他（她）试着表示赞同，做出肯定的承诺，如果幸运，他（她）就会获得回报，信任感由此产生了。”

回顾历史，美国人从来没有像现在这样缺乏乐观的精神和积极的心态。《旧金山纪事报》的评论家米克·拉萨尔（Mick LaSalle）在一篇回顾20世纪主流电影如何描绘人这一主题的文章中指出：“现在（2004年）的美国电影比以往任何时候都愤世嫉俗和绝望，它们在暗示：人都是废物，这个世界非常可怕。”如今，我们置身于这种消极的氛围里，难以想象的恐惧成为了我们集体潜意识的一部分。

当然，肯定一切并不一定让你得到理想的结果，以积极的心态对待人生也不等于所有麻烦都会消失，更不保证你一定会成功。但是多说Yes可以唤醒我们的想象力，让我们看到事物美好的一面，同时变得更加乐观、更有魅力、更容易与人相处，也更受欢迎。

试试看

选择一天，对所有事都说Yes：放下自己的成见，对遇到的每一件事说Yes，看看会有什么结果。当然，请运用常识来开展这项练习。假如你是糖尿病患者，有人请你吃甜食，你应该在不影响健康的情况下设法说Yes。比如，你可以这样回答：“好呀，我可以把它带回家吗？我儿子最喜欢吃甜食了。”

集体造句

这里向读者推荐一个我很喜欢的游戏。这个游戏是著名的即兴演员、教育工作者丽贝卡·斯托克利（Rebecca Stockley）教给我的。规则很简单：用接龙的方式造句。第一个人说出一个单词，第二个人凭直觉脱口说出他想到的一个词，如此进行下去，直到句子完成。每个人思考的时间越短越好。当句子快完成的时候，所有参与游戏的人脸上都会出现一种心领神会、心照不宣的表情（形成这种共识的过程非常自然）。当句子完成后，大家一起说“Yes、Yes、Yes”来相互肯定。集体创造的句子有时充满哲理，有时又像是胡扯，常常逗得大家哈哈大笑。

莉斯是一名学产品设计的研究生。一天下课后，她跟我分享了她的经历。她的父亲被诊断出了癌症。“家里人都非常伤心，我想让大家暂时忘掉不开心的事，所以建议大家来玩接龙游戏。”莉斯接着说，“晚餐后，我把接龙游戏的规则告诉家人，一家人开始围着餐桌做游戏。很快大家就被集体即兴创作的句子逗得前仰后合。家里已经很久没有听到如此爽朗的笑声了，真好。”

永远……要……小心……跨过……一只……鸡。Yes，Yes，Yes！[1]

---

[1] 译注：用汉语玩这个游戏时，每个人每次说一到两个字（至多两个字）。

憋着……别……笑……当你……看到……你的……腰围。Yes，Yes，Yes！

女人……知道……什么……时候……汤……煲好。Yes，Yes，Yes！

试试看

教朋友玩接龙游戏。晚餐时大家围着桌子，享受集体的智慧和幽默。

说Yes！

- 只管说Yes。
- 相信自己可以做到。
- 凡事要看到积极的一面。
- 赞同别人的意见。
- 多使用表示肯定的短语。“当然”“你说的没错”“我同意”“好主意”等。
- 多说“是的，而且”，少说“是的，但是”，为谈话增加内容。
- 练习多说Yes，让自己变得乐观、充满希望。

第二条原则

别准备

致虚极

—— 老子

《道德经》

为了实现梦想，人们总是花费大量精力罗列计划、瞻前顾后，而忘了行动才是最重要的。比如，妄想凡事准备妥当再动手，严重依赖备忘录软件。但是过度计划的习惯使得心灵淤塞，无法认清本质，也不能感受当下。

这里并不是说进行心脏手术时也要即兴发挥，谁都希望一位有丰富医学知识及多次成功经验的外科医生为自己主刀。但是，如果手术没有先例也无法参考任何医学文献，那么我倒希望医生具有即兴发挥的能力，能通过敏锐的观察解决问题。

假设有一堂语言课，要求按座位顺序轮流翻译文章。那么你会本能地去数座位，计算出你要翻译的那句话，然后全神贯注地翻译，无暇听其他人的发言，尽管他们的翻译跟你的语句有很大关联。社会心理学实验也证实了这点，当人们即将被点名提问时，聆听的状态一般都不太好，大多数应试者对自己前面或后面做自我介绍的人都没有印象，因为他们不是在准备发言就是在评价自己刚才的表现。该聆听他人发言时却分神做着自己的功课——这是我们每个人都会犯的错。

即兴的本质是把注意力放在当下。片刻分心，例如琢磨一句幽默的台词，都会让我们错过正在发生的事。我们必须清楚当下正在发生什么。

与其为结果操心，不如睁开双眼、深呼吸、感受现在、准备好迎接未知的精彩。如同在做冥想，允许“准备”和“计划”的念头出现，但不要让它们打扰你。如果意识被这些念头带走（我称为“阻塞”），则重新将注意力集中到现场的某一个细节上，凝神定气，让这些念头像浮云一般飘走。

与其提前准备，不如集中注意力。集中注意力能让你感受当下，并感应到最原始的智慧。当这种感应触及心灵时，你要做什么、怎么去做——无需多想就能了然于心。其实，每个人的脑海中都有丰富的影像、词句、解决方法、建议和故事，所以相信自己的能力，信任自己的内心，允许自己去冒险。按这种方法与用“预先想好办法”解决问题的感觉是截然不同的。

假如你无法做到完全不准备，那么试着这样想——“准备好随遇而安”或者“预备着顺其自然”。培养随机应变的能力。

试试看

度过没有计划的一天：忘掉每天的例行计划，尝试去冒险。睁大双眼，集中注意力，让好奇心带着你，借助敏锐的观察力，发现真正想做的事并马上行动。

丹尼尔正在参加公司每周的销售会议，老板在用幻灯片展示季度利润预测，通常这时候丹尼尔会在笔记本上写写画画假装认真在听，而实际上是在准备自己的发言。今天则不同，她想“我应该将注意力集中在听报告上”。当她集中精力听报告、研究图表时，一件有趣的事情发生了，她注意到产品的一个销售趋势，整合数据后竟然构想出了一个产品开发的新创意。轮到她发言时，这个创意既及时又有新意，这都得益于刚才的观察。

试试看

用禅修般的注意力代替计划。当你注意到大脑开始计划下一步要说或要做的事情时，不妨有意识地做个改变：想象你要把自己现在的所见所闻详细地向中情局汇报，你要竖起耳朵，集中精力关注现在发生的每一件事，而不是将要发生的事。

想象你面前有一个包装精美的礼物盒，仔细观察这个盒子，看看包装和缎带是什么颜色？摸摸它，掂一掂盒子的重量，晃一晃。再小心拆开，把包装纸放到一边，打开盒子。

你第一眼看到了什么？把礼物拿出来，仔细观察每一个细节。最后谢谢送礼者。

你发现了什么？惊喜吗？还是觉得这个练习很容易，或者在过程中你有些卡壳？也许在打开盒子之前，你已经“使劲想出”盒子里有什么，那就无异于打开你自己包装好的礼物。也许你不喜欢盒子里的礼物——你很失望，所以拒绝脑海中浮现的画面，又重新想象了一个礼物。这些都是正常的，因为我们不习惯接受未知，所以我们会“使劲想出”一些东西放进盒子。难道不该如此么？

不是的！放轻松点。其实我们什么都不需要做。你只要相信礼物就躺在盒子，等待你去发现。

盒子里本来就有东西。你可能怀疑，也可能惊异，到底创意从何而来？在西方，艺术家是创作者，他们要承担世人对其作品的评价，好的艺术家享有极高的地位。于是，大多数人认为自己没有艺术天赋而极力避免表现自己。而在东方，艺术家认为他们是艺术的仆人，而非主人。艺术家只是展示艺术的渠道，他们小心翼翼地用自己的方法表现灵感，像守护者一样将作品呈现在世人面前。灵感、歌曲、诗歌、绘画只是通过艺术家呈现，并不属于他们。在巴厘岛当地语言里，压根没有“艺术家”这个词，艺术只是某人做的事，与他是谁没有关系。

一位知名的日本能剧[1]演员曾告诉我，演出前，他会静坐片刻，清空自己的意识，角色便会附在他身上完成演出。这与西方演员调动酝酿情绪进入角色的方法截然不同。

“别准备”原则要求我们放弃过多的自我干预，不再竭力展现自己的才华，原始智慧会自然出现，灵感会自然产生。以往的经历、脑海中的画面、创意、文字、思绪、梦想会自然涌现，为此刻做好准备。诀窍就是停止干预，接受眼前发生的一切，允许自己感到惊喜，进而心生感激与珍惜。对即兴演员来说，不存在错误的答案或不好的礼物。

我们无法选择盒子里的礼物，但可以选择面对它的态度，发现它的妙处，尽可能欣赏它。勇敢地接受一切。如果你这样做，灵感自然就会产生，滋养你的幻想花园。如果脑袋里的“批评家”又冒出来指手画脚，就心怀感激地请他去旁边“喝一杯”。他是好意，只是我们不希望他在创意的萌芽阶段出现。

再做一遍这个练习。现在，你面前有个包装精美的礼物盒，拿起来打开它，无论你看到什么，不要挑剔，接受它，试着发现惊喜。

---

1 译注：能剧是佩戴面具演出的一种古典歌舞剧，于镰仓时代后期至室町时代初期之间形成，是日本独有的一种舞台艺术。

克服恐惧

如果开口前脑袋一片空白，什么灵感都没有，那怎么办？即兴演员上台前总需要有自信吧！

事实上，不需要。

一位旧金山的企业顾问，卡拉·阿尔特建议“穿上一件自信外套”，将想象的自信外套像一件真外套那样穿上身，然后她站得更直了，姿态也更美了，这也许就是她寻找自信的秘诀。然而，自我暗示也不一定总是管用。

我从事此行业已久，学生总是说我在讲台上非常自信，所以当他们得知有40年舞台及教学经验的我，在上课前也会焦虑和胆怯时，感到非常惊讶。我常常在演出前一晚失眠，半夜被噩梦惊醒多次，害怕演出失败或观众不喜欢。无论获得过多少荣誉，我依然会觉得自己的教学和演讲不够好，会不自主地担心自己的表现。

上千次成功的公开演讲也没能克服这种恐惧，要说感到自信那也是在演出和授课成功之后。“自信是成功的产物”——这是我的认识，那么这种认识能帮助我们克服恐惧及其带来的消极思想吗？事实上根本没有必要消除这种恐惧（虽然多数人都想消除），恐惧是自然且普遍的现象，它恰恰反映了人们对成功的渴求，因此恐惧也能促使我们做得更好。所以只要不是无法控制，上台前些许的不安感就随它去吧。

表演前的紧张往往来自过度的自我关注。“所有人都在看我，我会不会失误？如果我出错大家会怎么想？”其实大多数人会包容你的失误，鼓励你，希望你成功而不是一味地批评你。

面对手心流汗、脑袋空白的紧张情况，即兴演员有何高招？首先，不要听信那个说“你做不到”的声音。紧张和恐惧不会控制你，如果你站着就试着坐下，如果坐着就到处走走，尝试把注意力转移到其他事上，不必与恐惧对抗或过度关注它，否则你只会更加紧张。接受自己的感受，试着转移注意力做一些有用的事。如果眼泪在眼眶里打转，用纸巾擦掉它，复习你的笔记或乐谱；或者打起精神看看观众席坐着谁、他们的衣着打扮如何；环顾四周看看其他人在做什么或与他们交流；看看那些支持和帮助你的人，想想他们对你的付出；观察房间的家具陈设、光源，自然呼吸，微笑，保持这种状态。

转移注意力可让你有效地放松。即使掌心还在持续流汗，你的注意力已经转移到了更有意义的事情上。演出前的焦虑可以理解成一种自我专注，只是注意力放错了位置。解决办法是将注意力放在你正在做的事情上（如果你现在还做不好，那尽力去做就行）。想想你的目标是什么。恐惧本身不是问题，但是把注意力放在恐惧上就麻烦了。

印度世亲菩萨将人的恐惧分为以下五类。

1. 对死的恐惧。

2. 失去财富的恐惧。

3. 失去地位的恐惧。

4. 失去意识的恐惧。

5. 公开演说的恐惧。

世亲菩萨将怯场与对死亡的恐惧相提并论。可见，害怕当众表演和发言是一种普遍现象。作为即兴演员，我们只要察觉这种恐惧，让它与即兴融洽相处，就没什么大不了的。

有一位害羞的学生——瑞秋，跟我们分享她的经历。"姑妈瑞贝卡是我的良师益友，她很年轻就意外过世了。在她的葬礼上我突然意识到，这是向她表达追思的机会，所以，当祭司说：'有谁愿意到前面来谈谈瑞贝卡'时，我不由自主地站起身，走向了讲台。虽然当时心跳加快，步伐摇晃，但我满怀着对瑞贝卡的爱向亲友即兴陈述了她的智慧与仁慈。那些话脱口而出，也许不是一段完美的演讲，但却很真诚。我很高兴，恐惧没能阻挡我做该做的事，我没有因为错失这个机会而感到遗憾。事后，很多人都感谢我当时的发言。"

你是否曾经因为觉得自己缺乏充分的准备或者不知道说什

么而回避当众讲话？如果你觉得有什么要表达的就及时说出来。即兴演员表达想法时总是不需要准备的。要相信自己的大脑储备，去享受表达的自由吧！要记住，盒子里本来就有东西。

别准备

- 放弃计划，改掉凡事准备的习惯。
- 仔细感受当下发生的事情。
- 允许自己迎接惊喜。
- 杞人忧天是无用的。
- 相信你的想象力，盒子里本来就有东西。
- 接受头脑中产生的任何想法。
- 恐惧是因为注意力放错了地方，把注意力放到要做的事情上。

第三条原则

即刻现身

纳于言，敏于行

—— 赫鲁

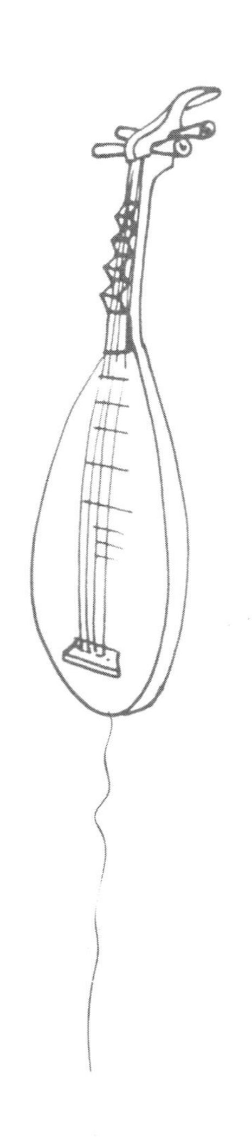

“即刻现身”看起来很简单，哪里能实现你的目标就出现在哪里——运动场、办公室、瑜伽房、厨房、即兴剧课堂、车库、游艇、工地、老人活动中心、剧院。随着移动通信的发展，你的方位变得尤其重要，人们的问候语也从“你好吗”变成了“你在哪”。

“即刻现身”的作用简直出人意料。生活中我们很容易找到借口逃避行动——拖延、懒惰、害怕。“即刻现身”告诉我们，不必考虑后果，出现在那里就行。伍迪·艾伦曾经调侃道：行动，你就成功了百分之八十。要有动机、渴望、热情和心动的感觉才能采取行动的说法是错误的。即兴演员如果非要等到有灵感和创意才表演，那舞台上就没有几幕戏能上演了。即兴演员无需准备，只要站在舞台上，奇迹自会出现。

行动起来——跑、走、爬、飞、骑，无论用什么方式，向目的地出发。想念父母，就去探望他们；想写东西，就到书桌前坐下；想交朋友，就去做义工，或者上一门感兴趣的课程；想锻炼，就去公园或健身房；想为环保出一份力，就拿上垃圾袋到附近公园清理垃圾。

行动中守时很重要，尤其是参加集体活动时，迟到会耽误大家宝贵的活动时间。守时是基本礼仪。集体活动有共同目标，而你是其中的一分子。我总是告诉学生，按时上课是成为即兴演员的第一步。

对待伴侣、家庭、工作同样要守时。甚至当你独处时也要珍惜时间。本杰明·富兰克林早就提醒过我们，“光阴一去不复返”（time lost is never found again）。

来点仪式

行动前不妨来一点仪式。仪式对行动有重要的心理暗示作用。仪式可以是特别的穿戴，去某个特定的地方，整理工作区域，或是打扫房间。知名编舞家Twyla Tharp在《创意习惯》（The Creative Habit）一书中这样介绍她每天工作开始前的仪式：清晨5：30穿上袜套，离开位于纽约的公寓，叫一辆出租车前往闹市区的工作室。从她坐上出租车的那一刻起，她的工作日就开始了。

一位忙碌的律师开玩笑说，他的仪式是洗澡。只要走进浴室开始热水浴，他的一天就开始了。如果某天没有先洗澡，而是悠闲地喝咖啡，考虑一天该怎么过，那他可能会找不到感觉，浪费宝贵的一天。因此，对他来说淋浴是开始一天的有效方式。即使在周末，先淋浴也有助于他安排生活。

我的仪式是整理床铺。每天早上起床先整理床铺，抚平床单，拉紧毯子，把它们塞在床垫下，然后把床罩罩好，再把九个枕头（有的是功能性的，有的是装饰性的）摆放好，最后把床饰折好放在床边，做这些花不到两分钟。如果丈夫和我同时起床，我们就一起铺床，这是我们婚姻生活中众多的快乐仪式之一。只要床铺好了，房间看起来整洁干净，我就会感觉一切就绪，新的一天开始了。很多人说："没有必要铺床啊，反正晚上睡觉还是会弄乱的。"我不能认同这种想法。也许你已经有一套能有效开启工作的仪式，那是什么呢？

1980年，我第一次感受仪式的力量，那时我在京都城外的一个小山村学习日本艺术。这些课程都是日本大本教（Oomoto，神道教派，是日本的新宗教之一）学校提供的。他们为少量外国人介绍本国的茶道、书法、武术及能剧。他们有一种非同寻常的教义——艺术为宗教之母，他们相信通过学习这些古老的艺术，可以体会其中的精髓——牺牲、奉献、精准、专注，人更能够积极向善。每门艺术都被视为一种道：茶道、书道、武道（剑道）及能剧舞蹈。一个月时间内，我们每天都学习这些内容，还拜访了京都里千家（Urasenke）茶道学校及备前窑（Bizen）陶艺工作室。课程学习强调亲自实践，深入浅出地讲解深奥的日本技艺，这使得我们有机会穿上和服，使用茶筅、扇子、剑和毛笔。

每堂课开始前都有仪式：打扫卫生或课前准备。在武道馆，学生用棉布将气味清甜的榻榻米擦得一尘不染。在光可鉴人的能剧舞台上我们也用同样的方法擦地板——身体向前弯，屁股上翘，形成个有趣的三角形，用体重压着抹布往前推，看上去活像一个人体扫帚。书法课上，我们要先磨墨——坐好，用最标准的姿势拿好墨条，以画小圆圈的方式在砚台中央那一小池水中转动。磨墨这种仪式让我们的身体和精神都准备好迎接书法及绘画的学习。

课前准备仪式可以建立有序和融洽的氛围。做清洁和磨墨让我们自然地融入艺术世界（只是打扫卫生而已，这有什么难的），仪式起到镇定作用。

仪式是最简单的行动，它让人冷静，而冷静也是即兴表演的要素之一。

试试看

创造一种简单的仪式：选一种你希望养成的习惯（运动、阅读、静坐、付账单），想想怎样才能够使习惯的养成变得更容易和有趣。（是否应该准备好衣服和器材，要不要打扫书桌和工位？）每天固定一个时间来完成这种仪式。贵在坚持。

现身帮助他人

帮助他人的第一步是“现身”，行动比拥有超凡能力更重要。伊恩，一个瘦高的即兴演员，每周三下午到东帕罗奥图儿童中心去做志愿服务——为五年级贫困儿童做家教。他也曾经怀疑自己是否具备教学能力，后来发现只要按时出现在孩子们面前，接下来的教学根本不成问题。伊恩按时出现就是重要的一步。你能用行动帮助身边需要帮助的人吗？

爱德华的父亲过世前住在疗养院。他深知定期探望父亲是一件很重要的事，却总不能成行，总有事情等着他处理，一直找不到合适的时间。一个周六的早上，爱德华什么也不想，起床穿衣，直接开车去疗养院。从那以后，去疗养院成了他周六要做的第一件事情，几个小时的日常聊天对父子俩来说意义非凡。去疗养院这种行为让爱德华的生活发生了变化，三个月后，当爱德华的父亲过世时，他明白了“即刻现身”的意义——不要等到时机成熟才做对你来说很重要的事。

试试看

只要现身：列出五个对你很重要的地点。现在就放下书，选择一个地点，马上向这个目标出发。

变换地点

掌握“马上现身”原则后，如何将美好的体验最大化？有时身在此处，心却倦怠了。怎样保持激情？我建议随机变换位置。

这个技巧很简单，却有让人惊喜的效果。在课堂上，我会多次要求学生变换位置，每个人都要重新选位，组成全新的模式。在找位置的过程中，我们可以让头脑保持机敏，避免陷入僵化思维。这个练习对改变习惯也有助益。课堂开始时我会提醒学生“起立时，请在圈中重新找个位置”。我们都知道习惯使人沉闷，而改变位置会起到积极的效果。还记得老师说，“我们到教室外橡树底下去上课”时的愉悦心情吗？仅仅是到户外去就让人觉得兴奋，不是吗？

我的艺术家朋友约瑟芬·兰德，教会了我如何在生活中运用这种技巧。她的方法可以让最平凡的生活变成一场奇妙的冒险，或者至少会有意外的发现。比如，每次前往她位于加州肯伍德的度假小屋，她都会安排一个新的用餐地点。烈日晒到门廊时，我们会把野餐桌搬到竹林旁；为了赏月，我们会将桌子设在后院木台上，靠近柏树林。我们总在移动那张野餐桌，寻找最佳地点。这也是即兴发挥，它放大了每一刻的美好。

试试看

变换某项日常活动的地点。把周例会的地点改到户外，让你的伙伴惊喜一下，比如咖啡馆的包厢、博物馆内的酒吧。试着搬张椅子到花园里读书，远离办公室，带上午餐寻找新的用餐地点等，发掘一个有趣的新去处。

即刻现身

- 走路，跑步或者骑行到你该去的地方。
- 动机不是行动的先决条件。
- 先做你认为重要的事。
- 用仪式来开启新的一天。
- 现身就是对他人的帮助。
- 用变换位置来刷新头脑。
- 地点，地点，地点——对房产和生活来说同样重要。
- 为了维护他人利益，请守时。
- 为了维护自己的利益也请守时，光阴一去不复返。

第四条原则

随时开始

想到大家都无需等待了，是多么美妙的一件事情！我们可以从现在开始，慢慢地改变世界。每个人，不论是伟大或是渺小，都能为了宣扬正义做出贡献，多么美好！你总是，总是能贡献些什么，即使只是仁慈。

——《安妮日记》

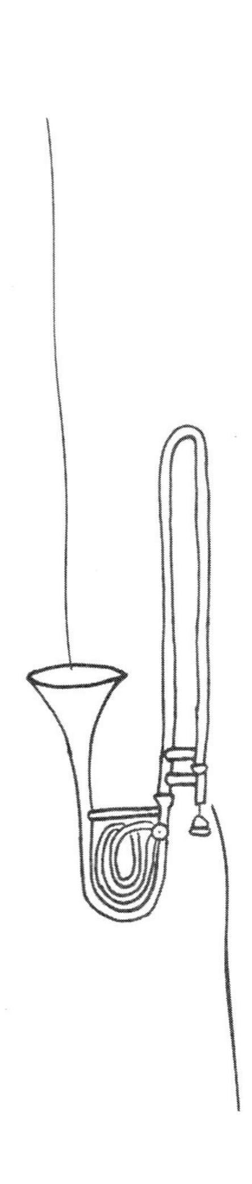

旧金山专业即兴剧演出团体“三合一”的演员们，开始表演前会询问观众意见，然后从一片嘈杂的意见中抓住一两句话，开始即兴表演。他们懂得一条重要的即兴表演原则“从哪里开始都行”，他们总是随时随地开始表演。

面对问题，人们总想理清头绪，搞清楚从哪里开始动手。这样做不仅浪费时间，而且让人觉得困难重重。如果你不知从哪里开始，不如就从最明显的地方开始。动手之后，你自然会找到办法解决问题。“随时开始”鼓励我们随时随地开始实现梦想或解决难题。

几年前，我用这种办法帮助过一位即兴剧学员——玛丽，她是两个孩子的母亲。玛丽告诉我，她的家被孩子弄得一团糟，没洗的碗碟、散落一地的玩具、未完成的购物清单、没倒的垃圾，以及一堆家务，简直就是场灾难！玛丽的母亲是一位完美主妇，玛丽觉得自己永远也比不上母亲，于是愈发觉得沮丧。“我不知从哪里开始”，面对糟糕的局面，玛丽束手无策。生活中，你是否也面临同样处境？

与她交谈一番后，她的境况依旧没有改善，于是我主动登门拜访（这里用到了第三条原则：即刻现身）。玛丽打开门，用焦虑又略带得意的口吻说：“我说得没错吧，真的很乱。”我穿过走廊，顺手将地上的玩具捡起来放好。来到厨房，我一边告诉她“就从眼前的事开始”，一边将黏糊糊的餐具放入洗碗机。

玛丽则开始清理报纸、收拾垃圾，把牛奶放入冰箱。我们一边交谈一边整理，不到二十分钟，厨房就收拾好了，接着是客厅，然后是房间。大约一小时后，大部分家务都干完了。再看看这个屋子，整洁得让人格外有成就感。

试试看

随时开始。挑一个需要完成的工作或任务，放下书，马上动手，想到什么就做什么。做完一件，再接着做下一件。

这条原则也适用于发言，回答问题或开始一幕即兴场景。脑子里蹦出的第一个词就是最合适的开始，不要犹豫，只要开口说，你就有了发挥的素材，仿佛是这个想法选择了你，而不是你选择了它。即兴演员要做的是将一个想法发展成为好的创意，而不是苦苦寻找好点子。

判断的过程、你的喜好、权衡得失都可能将你的第一个想法扼杀在摇篮里。就像窗外的那棵树，它不仅是一棵树，它还是挡住我看海景的红杉木，一个让我没法集中注意力的讨厌鬼，还会让我想起放任植物乱长的自私邻居。我们很擅长放弃心中的第一个想法，因为“很无聊，没创意”“不喜欢它”“太直接”“有人说过了”“我怕说了有不好的后果”等等。不要扼杀你的第一个想法，珍惜它，表达出来，长此以往，就能养成习惯。

作家往往是在写作过程中才发现自己想表达什么的。发言也一样，一边说一边想你要说什么，然后调整方式，把想法表达出来。优秀的发言离不开临场发挥。

认识即兴发言的价值

一位圣荷西州立大学商学院的教授在得知我教授学生即兴发言后，说道：“即兴发言，听起来可不妙。现如今的学生不愿花时间准备，发言都很鲁莽。所以我一向主张学生准备好讲稿，毕竟这不是闲聊。”

我理解他的担心，但他并不理解即兴发言。即兴发言提倡针对眼前的问题和实际情况组织语言，而不是“胡扯”。这样的发言有明确的目标，而不是照本宣科。根据讲稿发言可能会让你陷入窘境：首先，你会因为记不住讲稿而支支吾吾（四十年来，我见过无数演员为记台词而苦恼）；其次，就算你背下讲稿，也可能答非所问，想想政治人物用准备好的答案回答无关问题的场面。

即兴发言是在混乱中理出头绪，其技术性多于艺术性。这样做是为了更好地切中主题。即使用词不如精心准备的讲稿考究，但这种发言更具时效性也更真诚。我们都听过沉闷的演讲。即兴发言比持稿演讲更有趣，更吸引人，更能打动人。

每个人都可以借助即兴发言的技巧提高演讲水平。与其事先写讲稿，堆砌华丽的辞藻，不如针对演讲内容列几个问题，写下来，然后试着用自然的方式回答。例如，

讲稿：

我要感谢魏萨普先生邀请我来到扶轮社演讲。先来谈谈我是如何开始教授即兴剧表演的。1979年，我学习太极拳时，我的太极拳老师黄忠良邀请基思·约翰斯通教授——加拿大的即兴剧老师，一起授课。身为戏剧教师，我对基思教授的即兴表演理念非常感兴趣。随后，我开始在斯坦福大学的表演课上尝试教授他的游戏及理念，学生们也很喜欢这些游戏，他们的潜能在课堂上得到了释放。

即兴演讲问题列表：

1. 谁邀请了我？我要感谢谁？

2. 谁让我接触到即兴剧？在什么时候？

3. 我什么时候开始教即兴剧？

4. 为什么即兴表演在斯坦福大学很受欢迎？

回答问题的方式给了发言自由发挥的空间。我发言时会针对问题随时收集、整理有用的信息，使发言更自然。而背讲稿的方式会把我的注意力完全限制在讲稿上，很难再添加有用的细节。

几十年前，我在韦恩州立大学念研究生时，选修了四堂口语表达课。每堂课都有一个主题，分别是“散文口语表达”“圣经口语表达”“诗歌口语表达”及“莎士比亚戏剧口语表达”。我以为课程会教学生运用不同的文学体裁表达自己。然而，每堂课上，教授反复在说：给我说说；谈谈那首诗；聊聊以赛亚的那篇短文；讲讲那首十四行诗；开口说，拜托，开口就行。如果有哪个学生用华丽的辞藻发言，或者说话带有朗诵的腔调，教授便会打断他，并友善地提醒：“不需要这么正式，像平常一样说话就好。”

做到这点并不容易，因为日常聊天的语调自然而又放松，而持稿发言则全然不是那么回事。只有接受过严格训练的演员才能做到用自然的语调念台词。即兴发言的方式是最自然的，你只需要相信自己。

试试看

即兴表演一段简短的独白。一边说一边组织语言，不要犹豫。可以采用以下主题“如果每天有28个小时，你会如何度过多出的4小时”或是“谈谈近来你觉得很美的事物”。

随时开始

- 从哪里开始都行。
- 先从眼前的事情着手。
- 一旦开始，任何工作都会变容易。
- 不要准备讲稿，改成列出问题。
- 表演更像是与观众交谈，而不是发表演讲。
- 相信自己。
- 一边发言，一边调整和扩充发言内容。

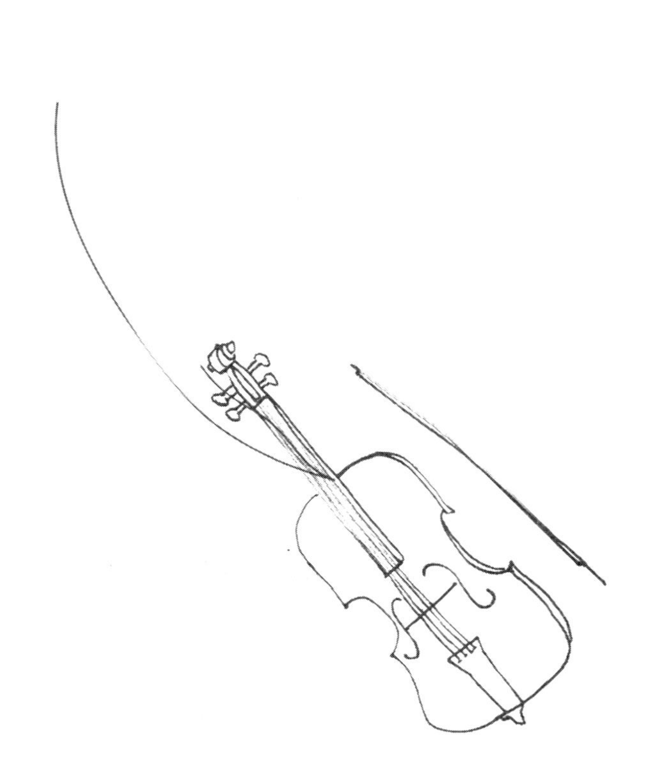

第五条原则

放平常心

当我告诉几个纽约人前两个月在工作室发生的一些好笑的事后，我感觉到他们明显放松了下来。他们已经厌倦了时刻保持机警、积极的形象。他们也想有些休闲的时光，像个傻子似的四处闲晃片刻。

—— 娜塔莉 · 高柏

《作家必备手则》

吉恩·德斯米特是旧金山湾区的一位建筑商，他还是一位乡村乐手，同时在学习禅修。他的公司口号是“精益求精”，其业务在当地有口皆碑。不过在修建自家北加州的度假小屋时，他给自己降低了标准，并打趣道：“够用就好”。吉恩家“够用就好”的小屋在我看来妙极了。

有时全力以赴做事，结果却不见得完美，也就是说，付出不一定与收获成正比。不妨“放平常心”，学会减轻压力，不要总想着“这次一定要做好”“一定要做得比别人好”。

追求完美会引发紧张、焦虑，反而容易失败。学着接受事物的不完美状态，试着用下面的忠告来释放压力：

敢于平凡（基思·约翰斯通）

不求出彩（大卫·雷诺兹）

保持平常心（禅语）

方法虽然简单，可别低估了它的作用。降低期待可以消减压力，甚至还能起到激励作用。《基本存在》一书的作者玛丽·露丝·欧莱礼，举例说明了如何减轻因追求完美而产生的焦虑。诗人威廉·斯塔福德曾每天早上四点起床创作，有人问他：“你不可能每天都创作一首好诗啊，怎么办？”诗人回答：“那就放低标准。”这个例子告诉我们三个道理——坚持每天练习、降低标准、给自己规定一个时间或地点，比如早上四点！

金融分析师塞缪尔觉得这个方法救了他："你知道吗？我已经自我折磨了很多年。过去通宵达旦工作，现在看来简直有强迫症，关键是从来没有做完过什么，因为总觉得不够完美。"放平常心"的建议解放了我，现在工作张弛有度，不过分焦虑，反而更有成效。"

2003年国联（NFC，国家橄榄球联合会）季后赛上演了一球定胜负的一幕。负责射门的是纽约巨人队的中锋——崔·琼金，然而这稳进的一球却踢飞了。赛后，崔·琼金在接受采访时说："我当时想踢出一个完美的球，其实只要踢进门就能赢。"如果他能保持平常心，纽约巨人队很可能会赢得季后赛冠军甚至是超级碗冠军。

不过分追求完美是第一步，然后试着不要追求无谓的创新。对创新的刻意追求会使我们丢掉日常的智慧。事实上，这份刻意反而阻碍了我们的创新。人们都认为创新就必须学会跳出条条框框思考，并把这种思维方式当成目标追求，这是不对的。实际上，"跳出条条框框"是发现眼前的、明显的，但还没被发现的事物。马塞尔·普鲁斯特说过："真正的发现靠的是有一双善于发现的眼睛，而不是不停地追寻新的风景。"

善于发现眼前事物，用平常心来对待有挑战性的工作。不妨“骗”自己，把有难度的工作当成一件普通事做。基思·约翰斯通曾写道：“人人都可以轻松地走过铺在地上的木板，可是，如果木板架在深渊上，恐惧会让我们无法动弹。最好的办法就是将深渊当成平地，然后自然地走过去。”

即使是做眼前对你来说再平凡不过的事，你的观点对他人来说也是独一无二的。还记得那个想象打开一个盒子，然后看盒子里有什么东西的游戏吗？我课堂上的25位学生想象出25件不同的礼物：雪球、积木、扑克牌、木笛、活老鼠、咖啡滤纸、钻石项链、手工毛衣、古币、慢跑鞋、贝壳、二手CD、塑胶泡沫包装纸和一个玩具塑料口哨、三个白水煮蛋、手电筒，等等。偶尔有人会想到同样的礼物，但是也有着不同的设计、品牌及生产厂家。相信我，你的发现是独一无二的。《卡萨布兰卡》的女主角英格丽·褒曼就深谙此理：“做自己就好，世界崇尚自然。”

软件设计师亚伦分享了他的体会：“以前，我会整理很多想法，然后从中挑一个。现在设计用户界面时，我会采用最先想到的设计。在与研发部门分享我的设计时，有人会拍着脑袋说：‘我怎么没想到’。对我来说，最显然的设计就是好创意。以前，我总是刻意追求创新，而忽视了眼前的事物。‘善于发现眼前事物’讲的就是这个道理。”

不要老想着跳出条条框框，更重要的是善于发现和观察。

这条原则也同样适用于发言，用最自然的方式说出你想说的话。我奶奶朱丽叶·伯特利·瑞安是一位天生的即兴演员。有一次，她指着报纸上的讣告摇头、叹气道：“今天死去的人，以前都活得好好的。”我们大笑不止，奶奶却惊讶地望着我们，不知有什么可笑的。我至今记得五十年前，当我告诉奶奶要去参加贵格教会的礼拜时，她高兴地说：“哦，那些贵格教徒真的、真的很不错，他们为什么不像生活中那样宣扬他们的教义呢？”即兴已经融入了奶奶的生活，她给出的永远都是肯定的、积极的回复。她有一种天赋，能真切地表达自我。

我们每个人从不同的角度看这个世界，每个人的视角都是独特的。要相信自己独特的观点是有价值的。不要再追求所谓的“独特”，你就是独一无二的存在。

试试看

自然就好。如果有件重要的事要做，请用平和的心态面对，不要强求做到极致。最明显的解决方法是什么？如果解决方法很平常，很普通，你会怎么办？

试试看

选择平常实用的礼物。你想寻找一份合适的礼物送给朋友或爱人吗？考虑一下日常会用到的东西吧。（枕头、麦片碗、茶杯、浴巾、笔、钟表、拖鞋、毯子、质量好的菜刀、日历、好喝的咖啡。）随时记下日常实用的物品，有助于你挑选一份好礼物。

和鸡一起打保龄球

斯坦福大学即兴剧团的演员正为队服的设计图案绞尽脑汁，有位团员大叫："画一只鸡站在保龄球上如何？"在一场迎新演出中，有位大学新生提议表演一个"好创意"——和一只鸡打保龄球。有时我们请观众在"和____在____地方"里填空，以便完成一个即兴游戏。通常会出现许多奇怪的配对，比如：和羚羊在消防队；和烤面包机在小船上。这样的配对源于两种想法：一种认为这样的搭配很特别；另一种认为把两个看似无关的东西联系起来，能给演员的表演带来挑战，没准还能笑破肚皮。

我看过几十年即兴表演，从没听到观众喊“和塑料小鸭在浴缸里”或“和打字机在办公室里”这样平常的建议，因为观众认为这种合理的搭配没有新意。我称之为“油炸美人鱼谬论”，当演员向观众征求意见时，通常得到的都是类似“油炸美人鱼”这样的意见，周围的人还会称赞他的机智。当然，听到这个建议的人都会笑，但笑过之后呢？仅此而已。你想想，如果真的上演油炸美人鱼的戏，恐怕很难演得吸引人吧。

不要认为“创意”就是“反传统”或“怪诞”。搞笑并不难，任何预料之外的东西都能让人发笑。这类幽默就像甜食，它能暂时让你开心，但对你的健康毫无裨益，无法带给你艺术上的滋养。如果你不再搞笑，而是把故事演得有意义，就会带来真正的欢乐。顺理成章的故事是更令人愉悦的艺术享受。深刻、有意义的表演才能历久弥新。

放平常心

- 不求出彩。
- 敢于平凡。
- 不要急于跳出条条框框。
- 重视对你来说显而易见的事情。
- 你认为平常的事物，在他人眼中也许是个新奇的发现。
- “经典”和“流行”也能成为新的创意。
- 不追求搞笑，追求意义。

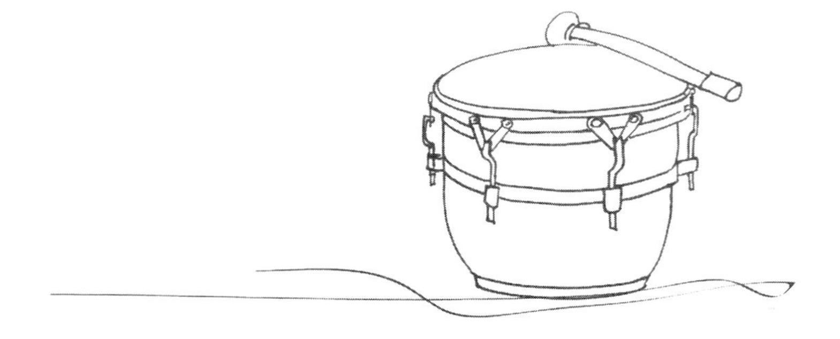

第六条原则

细心观察

如果我曾做出过什么贡献，那都要归功于对事物持久的观察，而不是天赋。

—— 牛顿

你的观察能力如何？你能注意并记住多少细节？观察是即兴表演的中心要素。世界的形态取决于我们观察到的一切——所见即世界。所以请用心观察周围的环境，睁大双眼，留心细节，关注点滴。

有个古老的佛教故事：从前，有个年轻人爬上一座高山，向智者求教人生的意义。智者告诉年轻人，有三条奥秘。第一条是细心观察。长话短说，年轻人后来又爬了两次山，才知道第二条和第三条奥秘也都是细心观察。

人生的品质同第六条原则息息相关，人生就是观察。我们观察到的决定着我们如何体验这个世界。通常我们只关注自己的困难、欲望和恐惧。我们活在自己的想法中，思考着、计划着、担心着、幻想着，却不曾留意到眼前的每一天都如此精彩，每一刻都弥足珍贵。若只关注自己，我们会错过什么？答案是一切。

今早起床后，你干的第一件事情是什么？厨房料理台上放了什么？刚刚和谁说过话？你记得对方说了什么吗？对方穿什么衣服？按照时间顺序，回忆出昨天从起床到就寝做过的每一件事。训练有素的即兴演员能回答以上问题，你呢？

试试看

你的观察能力如何？

请阅读以下这段文字，直到看到“闭上你的眼睛”这几个字。不要作弊，不要因为知道练习的目的而突击观察四周，继续读下去，眼睛不要离开书本。当看到这几个字后请闭上你的双眼，用手指向你周围任意一件事物，形容它的颜色、形状，然后描述你身处的地方，越详细越好，直到你说不出任何描述性语言，再睁开眼睛。

好，闭上眼睛，开始描述。

现在睁开眼睛，你的描述与现实相符吗？有什么显著且不该遗漏的地方？睁开眼睛后，有令你惊讶的发现吗？

看看四周，找出三样你没有注意到的东西。世界充满了颜色、层次和信息，这个练习能帮助你观察到更多细节。如果你不善于观察，这个练习能训练你的观察能力。

你对某些物品的描述可能会出错，“我以为钟放在沙发那边”“我居然把地毯记成蓝色的了”。有时，你的大脑会添加一些额外的细节和信息，对即兴演员来说这是个好现象——大脑会将你遗忘的东西自动填补进来。你可以经常做这个练习，检验你的观察能力是否有进步。

多明戈，一位二十岁、活力四射的大学生，他的梦想是成为演员。某天，在做这个练习时，他突然领悟到："昨天，我躺在床上听到了窗外小鸟在歌唱，我听懂了它们歌唱的旋律。还发现窗外的树正在抽芽，是那种黄色的嫩芽。周围鲜活的生命正在成长，而我有了一双全新的眼睛，生平第一次注意到它们。原来我生活的世界如此美妙，仿佛发生了天翻地覆的变化。我想这就是所谓的'所见即世界'吧。"

多明戈的顿悟来自于观念的转变。通常他只关注自己，当他开始关注自己以外的世界时，对世界的体验就如绽放的鲜花一般绚烂。对于那些过于关注自我、钻牛角尖的人来说，将关注点转移可能会有出人意料的效果。我们的关注点不同，结果就会很不一样。

观察能力是一个即兴演员的生命线，优秀即兴演员只是比别人更善于观察而已。他们能展现出大部分观众已经遗忘、忽略的东西，这就是即兴剧的奥秘。记人名就是一个很好的例子。

我告诉学生，第一次与陌生人见面时就要努力记住别人的名字。可总有人说："我记不住人名。"我不以为然："你被斯坦福大学录取，记得化学元素周期表，记得电话号码、密码及歌词，我不信你记不住人名。你不是记不住，只是没有尽力。"

让我吃惊的是，很多智商高的人都认为记不住人名是因为他们天生不具备这种能力，其实这只需要多一份努力和注意力。当你第一次听到一个名字时，大声重复说几次，确认名字的发音是否正确。全神贯注地看着对方，观察对方的脸，把名字和对方联系起来。如果有机会就把它写下来，默念或大声念几遍，甚至可以再问一遍对方的名字（不要觉得尴尬，大多数人会很高兴你在乎他的名字）。多练习记住别人的名字。

我从很多年前开始做这个练习，为的是在授课的第一天缓解紧张情绪。一学期我通常会教五个班级，每班三十人。上课第一天，我会尝试记住每个学生的姓名并要求学生也这样做。许多人面露难色，但我会和他们一起努力。如果有人能成功说出班上每个人的名字，大家就会对他报以热烈的掌声。当然，看着学生努力记他人的名字，即使最后只能说对一半，我也同样开心。练习记住他人的名字能帮你培养良好的习惯。对即兴演员来说，这也是很重要的技能——你必须知道与你同台表演的是谁。一位医生曾通过电子邮件与我分享他的体会："上过你的课后，我发现能记住别人的名字了，以前只是没有努力，真的，这对我来说很有意义。"的确，这个练习很有意义，它能形成一种习惯并影响你的人生。

在一幕即兴剧中，一位演员举着双手走上舞台，表示她刚给双手消毒，是一位医生。另一位演员马上跟着走上台，开始扮演实习医生，他说道："布莱德利医生，听说我们今天要接生的是一对双胞胎。""是的，马克，格林威太太已经准备就绪，马上开始吧！"医生回答。那么，接下来扮演护士的演员要记住三个名字：布莱德利医生、实习医生马克和孕妇格林威太太。贴心的演员会在合适的时候重复彼此的名字，好让刚加入的演员记住。现实生活中也是如此：向别人介绍你的名字时，请尽量说清楚，并友善地重复几次。如果对方记错了，请原谅他。

有一个很好的练习方法，就是注意他人身上别着的名牌。通过名牌记住他人的名字，并在合适的时候称呼对方。比如服务业的从业者，通常会在付款时通过信用卡记住你的名字，并礼貌地回复："感谢您光临瑟夫威超市，麦德森女士。"你也可以用同样的方式，喊出对方的名字，说声感谢。

今天就开始练习吧。

培养注意力

如果警察在审讯你，你能回忆起接触过的人，并详细描述出来吗？稍微努下力，你就能有进步。下面是几个练习，你可以把它们当成"注意力体操"，每天做一个练习，观察效果。

试试看

一次完成一件事。选择一项日常活动（叠衣服、吃饭、梳头），在整个过程中只专注地做一件事情。如果吃饭，就专注地吃饭，不要同时阅读报纸、收听广播，或是聊天。认真体会食物的滋味，想想食物是谁为你准备的，你是如何获得食物的。如果发现你分心，就把注意力拉回来，放在你正在做的事情上。

这个练习看似简单，其实非常有挑战性，持续将心神放在你正在做的事情上，注意力就会像锻炼的肌肉一般，变得很强大。持续关注一件事，会让你更了解现实与你的内心，享受注意力与行动达成一致的时刻，有人将这种境界称为正念（mindfulness）。即使是得道高僧，也未必能时刻处于这种状态。我们只要做到有进步就行。

有些艺术形式正是建立在这种专注之上。学习日本茶道的人，都知道何为“茶话会”，在茶室中只能谈论与茶会相关的话题，即便是出于礼貌，谈论新闻、社交、政治或是私人生活都是不被允许的，也不允许抱怨茶室太冷或太热。宾客们只能关注眼前——壁龛中的卷轴、花瓶中的花、选择什么甜点来搭配苦味的抹茶。人们谈论的话题都是为了提醒彼此聚会的独特性。茶道讲究“一期一会”，意思是这次独特的聚会永远不会再发生，要活在当下，品味细节。

试试看

发现新事物。当你在熟悉的环境中，或是做重复的工作时，可以进行此项练习：尽力发现新的事物。有什么被你长期忽略了，找出来，仔细观察它。下次在同一个地点再做一次这样的练习。这个练习可以持续下去，有机会就邀请自己去发现、去观察新的东西。

认真倾听

左耳进右耳出的情况你肯定时常遇到。特别是在面对自己熟悉的人时，就更不容易耐心倾听了，不过这种状况还有救。

试试看

认真倾听：每天一次，将百分之百的注意力放在某个对你说话的人身上，全神贯注地听他讲话，一边听一边注视对方。如果你开始走神，试着稳定心神，将注意力再次集中到对方身上，犹如你马上就要重复他所说的细节一样。观察这样做有什么效果。

你可以参考《If You Want to Write: A Book about Art, Independence and Spirit》的作者布兰达·尤兰的建议：

学会拥有平和的心态，享受当下的生活。经常提醒自己："此时此刻正在发生什么？这个朋友正在说话，我要安静地听清他说的每一个词、每一句话"。这样，你不仅能听到他说的话，而且能明白他的意图，于是，你看到了一个真实、全面的朋友。

试试看

在家附近散步十五分钟。

想象你刚从其他星球来到地球，打开你所有的感官：视觉、听觉、触觉、嗅觉和味觉。

有什么让你感到惊喜？有什么特别值得一看或特别美？有什么需要你做的（捡垃圾、放好一个掉落的垃圾桶盖子、除草、扫地）？

试试看

观察他人。化身为神秘的人类学家，观察周围的人，记住他们的面孔和名字，观察他们的穿着，倾听他们的谈话，关心他们的一天是否顺利，关注他们的行为及心情。到一家你非常熟悉的商店或工作地点，发掘工作人员身上新的东西，每天都从距离你最近的人身上发掘出新的东西。

随堂测试

还记得生双胞胎的那场表演吗？你还记得那些角色的名字吗？医生叫什么名字？实习生叫什么名字？谁怀了双胞胎？

细心观察

- 所见即世界。
- 关注每件事情，特别是细节。
- 像侦探一样观察生活。
- 将注意力从自己转移到他人身上。
- 努力记住他人的面孔及姓名。
- 保持清醒，时刻察觉周围发生的事。
- 一期一会，光阴一去不复返，请珍惜。
- 避免同时处理多项任务，专注做好一件事情。

第七条原则

面对事实

为了追求卓越，我们需先了解现实中每一天的基本需求及潜在的挫折。

——米哈里·契克森米哈里

《寻找心流》

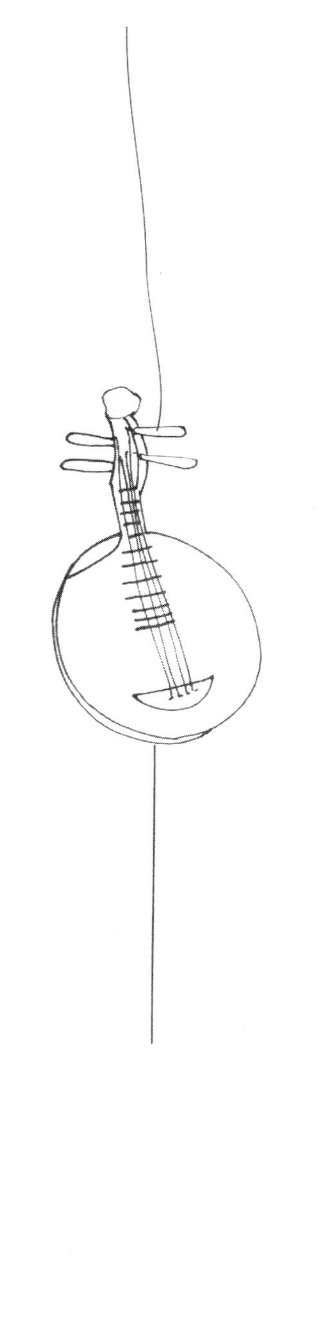

即兴表演的质量取决于演员的真实互动。珍妮弗开场时对伊莉莎说："你的狗好漂亮啊！"伊莉莎则回应道："对，它是一只获过奖的大麦町犬，它喜欢打猎。"伊莉莎做出了一个很好的回答，因为她不止积极地回应了珍妮弗，还提供了其他的话题线索。即兴演员只有融入同一情境中，才能很好地合作。他们共同构建了一个现实场景，并融入其中——换句话说，他们在演绎真实。

第七条原则是从"说Yes"延伸而来的。首先我们给予肯定的回答，然后在现有基础上自由发挥。"说Yes"就像接过别人咬了一口的苹果，而"面对事实"就像继续吃苹果，品尝它的滋味，吸收它的营养。接受已经发生的事，然后继续创造。

用日语里的一个词来形容这条原则再好不过：arugamama（顺其自然），这是一种遵从事物原貌的美德，体现了既真实又热情的人生态度。"面对事实"不仅是即兴表演的原则，对日常生活也有指导作用。据我所知，通往烦恼的不二途径便是忽略事实，比如：幻想吃薯片不会发胖，然后一直吃；把该缴的账单又往后拖一天；过不健康的生活，不在意产品包装上的警告（如吸烟有害健康）；紧盯着伴侣的缺点，并致力于改造对方。

忽略事实或自恃与众不同，其实都是浪费时间。即兴演员不会纠结这些不切实际的想法，相反，他们会面对事实，然后努力将崎岖变为坦途，把坏事变成好事。

梅根是一位成功的商业律师，为了提高上法庭的技巧，她参加了即兴表演课程。一天晚上，她问我："这个课程能解决我的问题吗？我是个做事很拖拉的人，我的同事、丈夫甚至客户都免不了担心我迟交账单。我很想知道，我到底出了什么问题？"

其实，梅根是在与事实对抗，她不喜欢处理账务，并把拖延症当成借口。这点从她认为自己是个拖拉的人就可以看出。不论她是否喜欢，处理账务是必须做的事。当她面对事实，开始处理与客户之间的账务时，她的拖延症就好了。

希望他人改变，也是逃避事实的一种方式。他人的行为常常引起我们的不悦。于是，我们会期待他人做出改变，当然，结果总会事与愿违。为了顺利合作，我必须接受人与人之间的差异，即兴演员懂得与不同风格的人合作的价值，并能够控制改变他人的冲动。

大家都认为麦伦很冷酷。他很少笑，眼神冰冷又犀利，做事从不拖泥带水，不说废话。他总是很准时、也积极参加活动，但是，团队里没人喜欢和他一起表演。我想大家都非常好奇，为什么我当初选他当即兴演员。大家甚至还讨论过该怎么对待麦伦？我的建议是跟他合作，接受他本来的样子，关注他，甚至以他为主角来演绎一个故事，就像尊重一位你欣赏的演员那样尊重他。简而言之，放下对他的成见，发掘他的优点。

面对大家的友善，麦伦做出的回应令人欣慰。他成熟了，大家也很快注意到了这些变化。与喜欢的人相处非常简单，而优秀的即兴演员不满足于此，他们具备一种能力，能够用友好、尊重的态度去与那些人们认为难以相处的人合作。

有时，我们害怕面对事实，对那些烦心的事视而不见，比如不想减肥，整天穿些看不出身材的衣服。逃避事实很容易，而“面对事实”需要你睁大双眼，看到事实并勇敢面对它。

试试看

记录事实。找出你生活中需要面对的一个问题或一种情境（对个人的挑战或工作中的难题），将细节描述出来。避免使用主观、批判性或带情绪的语句，用简单、陈述性的句子来记录事实。

现在，将所有事实都列入考虑范围，再找出哪些是需要面对的，制定一个行动方案，详细列出需要完成的步骤，然后，开始执行第一步。

看看露易丝是怎么做这个练习的:

露易丝的瘦身计划

2004年4月23日，我的体重是78公斤，身高是171公分。家庭医生温斯顿告诉我，理想体重应该在63.5到70公斤之间，所以，我至少超重8公斤。而且10年来，我的体重每年都在增加，这个趋势还有可能继续下去，除非我有所改变。

我每周运动三到四次，做适当的家务及采购一些物品。我喜欢烹饪和美食，饮食中也包括多种健康食品，但是以碳水化合物居多。我从来没有正式地计算过卡路里、脂肪或淀粉含量，几乎每天吃甜点和几片面包，有时在正餐之间还吃零食。我的衣服尺码都是中号和大号，很明显，我摄入的能量超过了消耗的。

制定行动方案:

1. 在一周内，持续记录卡路里。

2. 每天卡路里的摄入量减少500~600卡。

3. 一周只吃两次甜食。

4. 坚持一个月，观察结果。

5. 今天就开始。

为问题做个临床解剖，其本质就会显露出来。制定一种可行的方案，记录下来，遵循自己的想法，成为自己的顾问。面对事实是你改变人生的第一步。

拥抱不确定性

即兴表演与骑自行车、冲浪、滑雪有相似之处，都具有不确定和不可预测性。情况始终在变化，让人觉得不踏实。刚开始，这种情况会让人焦虑、不安，人们总想寻求安全感。

但是，变化是无法避免的，甚至是通往美好的途径。我告诉我的学生“混沌能孕育秩序”，美国禅学作家阿兰·沃兹是一位灵修学领域的即兴者，著有《不安全的智慧》一书，他认为生命的意义在于保持平衡的过程，而不是平衡本身。

为了治疗慢性肌腱炎，我长期聘请一位理疗师帮助我锻炼肌肉。我每天都要在一个悬空塑料半圆柱上练习单脚站立一分钟。我第一次尝试很失败，挣扎很久也无法保持平衡，于是我开始扶着门框做这个练习，虽然还是很难保持平衡，但至少可以站一会。当我骄傲地演示给理疗师看时，她却语重心长地跟我说："我不是要你把这个练习变简单，而是要你去挣扎，挣扎正是肌肉得到锻炼并康复的一个重要过程。扶着门框，肌肉得不到应有的锻炼，别再扶了，挣扎才是重点。"

在保持平衡的过程中，我们充满了活力。感觉每一刻都在改变，有时感觉安全，有时又不确定。长此以往，我们愈来愈能忍受不安全的感觉，当我们接受这种感觉并将它视为一种常态时，它就变得熟悉而不再那么可怕了。我们不再试图逃离不安全的感觉，甚至觉得这种状态令人兴奋，它提醒我们生命的无常与脆弱，提醒我们珍惜生命中不完美的、摇摇晃晃的时刻。或许，就像冲浪，让我们去感受海浪的力量，大自然的威严，以及在这浩瀚宇宙中找寻自我的感觉。

面对事实

- 不要抗拒事实。
- 接受他人真实的一面。
- 用手头现有的一切去创造。
- 什么是事实？你可能并不完全了解它。
- 拥抱不确定性。
- 不安全感是常态，尝试接受它。

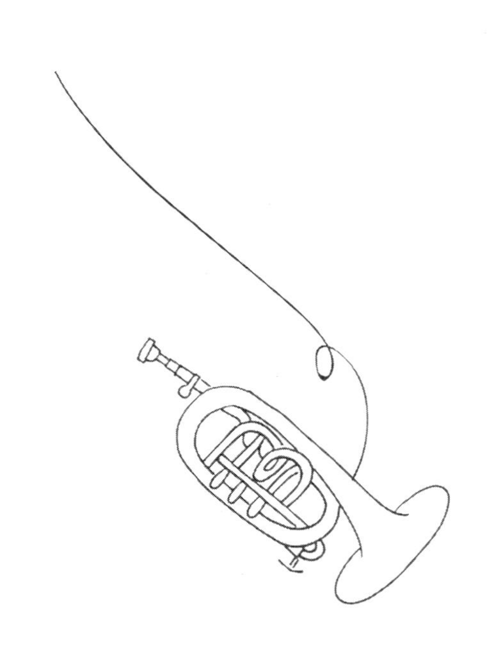

第八条原则

别忘了目标

上帝给我们每个人规定了“行进的方向”。我们来到这个世界的目的就是要找到这个方向并沿着它走下去。这些方向是上帝给我们的特别馈赠。

——索伦·克尔凯郭尔

即兴表演应该有意义，不是“随随便便”的。在舞台上，我们即兴表演是为了创作一个故事、解决谜团、编新的歌，为观众带来愉悦。在生活中，我们也会即兴发挥：修理相框，给朋友善意的建议，给邻居搭把手，兑现诺言，创造性地利用废物，恢复友情。在工作上，我们也会即兴发挥：赶在截止日期前完成工作，应付挑剔的老板，利用有限的资源解决问题。

任何时候，我们都不能忘记自己的目标。不要问“我想做什么？”而要问“我的目标是什么？”这两个问题的答案截然不同。治疗师、医生、新闻记者常常问道：“你感觉如何？”仿佛我们的感受是最重要的。想来甚是奇怪，感觉只是一瞬间的事情，怎能作为我们行动的出发点？对目的的定义往往带有道德的味道。它被视为一种“合适的行为”或“需要完成的正确事情”。目的能反映我们的意识动机，明确目的可以为我们指明方向。

你读这本书的目的是什么？花点时间想想这个问题。也许，你正在思考如何活得自由。也许，你是为了逃避一项艰巨的任务。也许，你是学生，正在如饥似渴地寻找即兴表演的诀窍。如果这本书是别人推荐给你的，你可曾想过他为什么要这么做？可能你正在等烘干的衣服，读这本书是为了打发无聊的时间。同样的行动可以有不同的动机。经常想想自己是否仍然坚持着目标，这样做很有意义，它可以帮我们决定是应该继续下去，还是悬崖勒马另寻去处。

有一年假期，我走在偌大的希尔斯戴尔购物中心，被精美的装潢和各种促销信息诱惑着。我仿佛被某种巨大的力量吸引，来到女士内衣区。我徘徊在货架间，用手指拨弄那奢华、柔软的睡袍。我对柔软的东西着迷，特别是羊绒。指尖滑过柔软的毛绒时，我听到来自内心的声音：“你来这里的目的是什么？”我突然想起，我是来给姐姐挑选礼物的。看看手里的购物袋，烘焙器皿已经躺在其中。显然，我的目标已经达到。我该做的是开车回家，继续下午的工作，完成本章的写作。还好这个问题及时出现，使我远离了琳琅满目的商品。当然，有时我的目的就是休闲，于是，我会在明亮的商场里游荡，享受着柔软的绿色羊绒睡衣带来的视觉和触觉上的满足感。

在处理工作和个人关系时，第八条原则也是很有用的。安娜和丈夫艾伦已经结婚七年。一天，艾伦的建筑公司给他升了职，还给他安排了一项很有意思的任务，但他得因此搬去亚特兰大。夫妻俩就此产生了分歧。安娜认为艾伦在搬家的问题上没有考虑她的感受，因此心中难免产生怨恨与失望。然而，她转念一想：和艾伦在一起是为了什么？是和艾伦相互扶持，努力让对方幸福。想到这里，她豁然开朗起来，心里敞亮了许多。她并没有什么重要的理由一定要留在伯尔斯堡，她完全可以支持艾伦的工作搬去亚特兰大。显然，一开始安娜忽视了他们在一起的目的。还好她及时想到这个问题，才化干戈为玉帛。

我们时常会被感觉和困惑压倒，此时，就需要用目标来为我们指引方向。目标可大可小，它是我们行动的意义。

试试看

“我现在的目标是什么？”把这个问题当成一个风向标。

时常问自己，特别是当你焦虑和茫然不知所措的时候。一旦有了答案，就立刻行动。

找到你的目标

思考每天的打算和长远的目标，这是个不错的主意。只要我没有忘记目标，生活就会更顺利一些。我认识的一位成功的作家写了一句话贴在他的计算机上：有些工作只有你能做。这句话可以包含很多种含义。一种解读是我所做的一切工作都可以在某种程度上帮助别人（我不能逃避工作）。另一种解读则是一种提醒，促使我注意到自己特别的天赋、才能和处境。哪些事情只有我才能完成？如果我不在，有哪些事情无法进行？首先，我会想起我最在意的家庭。作为妻子、女儿和阿姨，我是独一无二的。我是外甥南森唯一的阿姨。我这个阿姨是否称职？我还能做得更好吗？

其次，还可以想想才能和激情。什么工作对我来说很轻松？什么工作理所当然需要我来做？什么工作我做得很好？什么工作是我热爱的？回答这些问题时，我的喜好、才能，甚至我所痴迷的事都可以考虑进去。

试试看

如果你不在，有什么事情玩不转？想想你特有的优势、才能与偏好，完成过的工作和任务。（如果你以前觉得没有你，世界不会有任何不同，那就再仔细想想。）你正在做些什么？如果你有写日记的习惯，就把这些问题和答案都写下来。

别忘了目标

- 每一次即兴表演都有意义。
- 不要让情绪控制你的行动。
- 我们所做的一切都有其意义，哪怕只是很小的任务。
- 关注你的前进方向。
- 如果你迷失了目标，则请及时调整方向。
- 时常问自己:“我的目标是什么？”
- 如果没有你，有什么事情会没法进行?

第九条原则

不要错过上帝的馈赠

烹饪有一条关键的原则：没有任何一件东西可以独立存在，一切都是相互依赖的。

——伯纳德·格拉斯曼、里克·菲尔德
《烹饪手册》

专业的即兴演员永远带着感恩的态度看世界。只要你留心观察，总能发现上帝的馈赠。无论你走到哪里，总有人在为你提供帮助。你以前可能忽略了这些帮助，一旦你清醒过来，你会发现，上帝的馈赠无处不在。

我们总是自觉或者不自觉地用一些“滤镜”来观察这个世界。不同的观察视角决定了事物的不同价值。通常，我们会采用以下三种方式来看待人或事物。

1. 批判（高等教育里普遍使用的批判性思维）。使用这种方法，自我会被放大。

2. 客观评价（科学方法）。这种方法倾向于将自我和他人排除在外。

3. 发现其中的馈赠（即兴表演者的方法）。使用这种方法，他人将被放大。

你会采用哪种方式？我总是下意识地选择批判，总忍不住去想哪里出了问题，是什么烦扰我，总爱计较别人给我带来的麻烦。这些都成为我消沉的原因。因此，我必须努力排除这些偏见以便“客观地”看待问题。要做到客观，就要改变以自我为中心的观点。相比之下，第三种方式鲜有人问津，它需要特别的努力。不妨试试这种全新的方式，结果会好得惊人，特别是在第一次尝试的时候。

然而，天生的占有欲可能成为第三种方式的大敌。如果我们将某一样东西理所当然地视为自己的，就不会把它当成是上帝的馈赠。“这把椅子是我买的，它就是我的财产”，即使是在公共设施上，所有权的观念也普遍存在。如果你暂时离开电影院的座位，回来时发现别人坐在上面，你肯定会愤愤不平。这很奇怪。这些椅子本来就不是你的，它们是工人用辛勤劳动创造出来的。第三种方式认为：所有东西都是神圣的馈赠。这样的概念由来已久：人类只是大自然的管家，而不是主人。美洲原住民文化一直保留着这种古老的智慧。

掌握第三种方式的即兴演员能获得一种安全感。我们不是孤单地站在舞台上，而是被各种馈赠和传递这些馈赠的人包围着。我希望你也能找到自己在传递链中的位置。要做到这一点，你需要全新的视角。我是在日本乡间旅行时发现这个奥秘的。

用新视角观察事物

1987年，一个潮湿又炎热的七月早晨，我带着些许忐忑和兴奋，来到位于日本桑名市的弘法寺，打算用一周时间完成一项奇怪的任务——清算我对世界的欠账。我只知道必须去那里，但不知道为什么。我只是遵循了来自内心的声音，那个从我离开丹尼森起就一直回响在耳边的声音。

可能你和我一样，一直盯着某些事不放：事情哪里不对劲，某人有一身坏毛病。有些人很擅长这种消极的思考，总能很容易地发现问题。我前往的弘法寺由20世纪早期的一位日本商人吉本伊信创立。吉本伊信提出了一种新视角——内观（Naikan）。内观不是一种正向思维方式，而是一种全新的视角，用来检视自己的过去和现状。

我的任务主要是理清三个问题：我一生中从他人那里获得了多少帮助？我给了他们什么回报？我给他们带去了什么麻烦？这些问题可以用来审视人际关系。具体的步骤是先设定一个时间范围，并按照时间先后顺序回忆并回答上述三个问题。这是一个冥想的过程。一般情况下，你会首先想到自己的母亲（或者是抚养自己的人）。随后按照时间顺序进行分组，比如幼年时期、小学时期、中学时期，等等。

那一周里的每一天，我都会花14个小时坐在蒲团上，思考这三个问题。我回忆起父母、重要的朋友和老师。每一次内观大约持续90分钟。每一次内观结束后，会有一位指导老师走过来向我礼貌地鞠躬，听我汇报内观的结果。我详细叙述浮现在脑海中的每一个细节，有时甚至会泪流满面。指导老师安静地听完我的讲述后，会给我布置下一项任务，鞠躬，感谢我，然后轻轻走开。

我发现了一个一直存在但从未正视的世界，一个我所得到的远比付出的多得多的世界，一个默默支持我这么多年的世界。如果把人生看成一部电影，那么主角其实不是我，而是我生命中的其他人。从其他人的视角来审视我的人生，会解读出一种全新的意义。

即兴演员应该掌握这一鲜为人知却非常有现实意义的方法，觉察他人的付出和支持，深刻地理解人与人之间相互依赖的关系。其实，你并不需要像我一样，飞越半个地球去闷热的弘法寺学习这门课。你只需好好看看你的周围。

你现在是坐着阅读这本书吗？如果是，那么椅子、沙发或床就给了你支持。如果不是我提到这一点，你可能意识不到。你也不会想到是谁设计了这把椅子（沙发、床等），是谁制作了这把椅子，是谁把这把椅子送到了你家，是谁花钱买的这把椅子。很多人（大多数你都不可能认识）在这把椅子的制作和运输中付出了劳动。公平地讲，你接受了这把椅子以及背后许多人的帮助。不管你有没有意识到这一点，也不管你有没有感谢过他们，这把椅子给了你支撑，为你带来了舒适。这把椅子就是上帝的馈赠。

发现被忽视馈赠

1997年，我的丈夫罗恩开始修建我们退休后的住所。他细心地安排电源插座的位置和数量，以便我们能就近找到它们。我们曾在旧金山的一间老式公寓住过，那里的每个房间只有一个电源插座。罗恩当时就发誓要让我们以后的房子有充足的电源插座。坦率地说，我并没有向他过多地抱怨插座的不便。时至今日，情况大不一样了。我懒洋洋地躺在床上，裹着我最爱的绿色针织棉床单和拼布被子，享受着周六的懒觉。我的左边是一扇单悬窗，上面装着木质的百叶窗。关上和打开这扇百叶窗是我睡觉和起床的仪式。窗户下方偏右的位置就是一个标准的墙壁插座，有两个电源插孔。这竟然是我第一次注意到这个插座，而我已经在这个房间里住了7年。那个插座就一直在那里，耐心地等待着有一天能为我服务。

这个发现让我很吃惊。我身边就有这么方便的东西，为何我从未发现？我还错过了别的东西吗？你身边有没有什么东西（人）等着为你服务？是否有人为你提供了服务，而你却浑然不知？也许，他们只是尽本分，完成本职工作，但你的确受益了。那么谁是贡献者呢？

如果将它们视为馈赠，那么我会认为自己“欠了债”。也许我们不曾也不愿这么想，正是因为我们不希望感到有所亏欠。然而，当我们觉得自己很富有，或者说得到了很多眷顾时，我们自然会愿意回馈他人。感到有所亏欠会促使我们参与到馈赠的行列里。路易·海德在他的人类学研究著作《馈赠》中，将馈赠的本质属性定义为流动性——它不断在人与人之间传递。我们并不需要直接回报为我们提供帮助的那些人，更需要做的是保证这种馈赠在人群中不断传递下去。

2000年，凯文·史派西主演的电影《把爱传出去》（Pay It Forward）讲述了这样一个故事：一位老师在七年级的社会课上给学生布置了一份特殊的作业——想一个改变世界的点子，并付诸实践。一个11岁的男孩认真地做了份计划——为三个人做一些好事，并请这些受益人“将爱传出去”，也就是为另外三个人做一些好事。就这样，最终形成一个无私奉献的链条，让全世界的人都受益。

大概25年前，我开始在过桥梁收费站时，为身后的车辆支付桥梁通行费。这项善举的受益人是随机的。我是从一位叫莫琳的红头发的热心姑娘那里受到的启发，她花了几个星期做了条被子送给素不相识的流浪汉。我很好奇，我的善举会带来什么样的反应？我通过后视镜观察身后的车辆。对这种出人意料的举动，人们的反应可谓千差万别，有的兴高采烈，有的疑惑不解。一位司机为了追上来给我送鲜花，差点在红灯线上制造了一起追尾事故。他下车后向我走来，递给我鲜花，说：很久都没有如此暖心的事情发生在他身上了。我让他感到了温暖。

还有的司机选择迅速离开，也许他们是害怕我要求回报。虽然我是出于好意，但不见得会收到善意的回应。我无法控制别人如何接受馈赠。

有些馈赠并非实物，比如人与人之间的支持和鼓励。最近一张卡片启发了我，上面写着“世上最好的东西都不是东西”。没错，你能给出的最好礼物是鼓励与赞美。这份礼物存在一张无限额的“感恩信用卡”里，取之不尽，用之不竭，何不放开来随意消费？邮递员步行了一整天为你送信，你可以送给他一句感谢的话。孩子帮你做了家务，你可以说一句肯定的话。爱人清理了垃圾，修整了草坪，你可以给他（她）一个拥抱。周围人做的每一件事，你都可能从中受益。暴风雨后，是否有环卫工清理了折断的树枝和掉落的电线？每每遇到不便，我们总免不了大声抱怨，但当别人为我们做了好事时，即使是他们的分内事，我们是否也会大声表扬他们？他们哪里做得好？他们做的哪些事有困难却不被重视？快拿起这张无限额的“感恩信用卡”，别再错过任何一次感谢的机会。

试试看

感谢默默无闻的工作者。留意那些从事困难或者危险工作的人，向他们挥手，大声说出感谢，用你想到的任何方式表达谢意，并说出你感激的原因。

大学教育中，赞扬极其少见。对一件作品，学者可能会提出意见或者做些注解，但是，他们几乎不会对作品背后他人所做出的努力提出表扬与谢意。在高等教育中，我们被训练成了具有批判性思维的人，喜欢发现哪里出了错。我们鼓励批判，将发现和指出错误视为美德。然而，批判性的方法虽然强化了大脑，却钝化了心灵。那些好的、对的、可行的，我们全然看不到。是时候做出改变了。

放眼四周，大方地给予肯定、鼓励，懂得感恩。不要停下来，不要吝啬你的赞许和感激，包括对陌生人。尤其不要把家人排除在感激的行列之外。这个世界会因你心怀感激而变得更加美好。

理解相互依赖的关系

你我不是孤零零一个人生活在这个世界上。即兴演员明白有人帮助自己扫清了前进的道路，众人的帮助会使工作变得轻松。人们常常忽视了自己与他人的相互依存关系。你可能对我的观点嗤之以鼻："看，我现在一个人看书不是挺好吗？"是的，但你可能忽略了其他细节。看看周围，想想你忽视了哪些馈赠。

此时此刻，有什么支持着你？除了桌子、椅子、床，还有些什么？能源？为你现在舒适的状态付出劳动的人？有没有台灯为你照明？你是怎么得到这本书的？哪些人为你手中的这本书贡献过力量？你买书的钱是从哪来的？你可能会想："是我自己赚的钱。"的确，但你也要感谢雇主、财务人员和银行的工作者，有了他们的付出，你才能拿到钱买这本书。

我是在斯坦福大学提供的笔记本电脑上写下本章的。一位名叫罗恩的热心助理购买了这台笔记本电脑，为此他开车去了很远的电子产品商店。财物管理员为笔记本电脑做了编号，并安装了我需要使用的软件。经手的每一位工作人员都为我今天的写作做出了贡献。只要再稍微想一想，还能找到更多帮助过我的人。比如，码头工人把装着笔记本电脑的纸箱搬上卡车，行政人员凯特处理了笔记本电脑的发货单。于是，我又欠下了一笔"债"。

即兴演员明白，无论我们想做什么或者不想做什么，都不可避免地要依赖他人。最小的细节都会对结果产生影响。正如我们所知的蝴蝶效应：一只南美洲亚马孙河流域热带雨林的蝴蝶扇动几下翅膀，可以在两周以后引起美国德克萨斯州的一场龙卷风。2003年开播的美剧《天国的女儿》很好地诠释了什么是“相互依存”。剧中，上帝化身为各种人，比如学校门卫、小淘气鬼、流浪汉等，指引高中女生琼做了许多事情，包括参加科学俱乐部，举办家庭集市，以及上钢琴课。每一集的结尾，这些看似无关的行为奇妙地结合在了一起，促成了美好的结局。琼在科学俱乐部认识了一个男孩，男孩的父亲在海关工作，负责处理被海关查没的汽车。琼从男孩那儿得知最近有一辆扣押车待售，这是一辆只用手就能操控的汽车，而她哥哥腿脚残障，正需要这样一辆车。这种机缘巧合让琼帮到了她哥哥。

詹姆斯·斯图尔特主演的经典影片《生活多美好》也诠释了这一主题。斯图尔特饰演的角色因生意失败意志消沉，企图自杀。就在他从大桥上纵身跃下的那一刻，天使出现了。天使领着他看了看“没有他的世界”是什么样子。他才吃惊地发现，哪怕自己做过的一点点小事，也能够让很多人受益。

我们往往忽视了自己在这个世界发挥的作用，也常常忽视了其他人的贡献。第九条原则提醒我们保持一颗感恩的心，让我们更接近这个世界的真相。你会发现，它能帮你达到最佳状态，尤其是在面对糟糕的情况时。

一次，我和丈夫开车参加圣诞晚宴。行至路口，我们停下来等前面的车转弯。此时，一位粗心的司机没注意到我们已经停车，砰的一声撞向了我们的车。我们的车又追尾了前面的车。于是，我们的车夹在两辆车中间，成了“三明治”，真是可怕。当另两位司机下车互相指责时，我和罗恩深吸了一口气，开始思考此事积极的一面。对骂和指责只会让情况变得更糟。我们选择了上帝的馈赠：所幸都没有受伤，而且在这个圣诞之夜我们并不孤独，还能相互帮助。

使用这种方法，我们可以换个角度对待生活。但是，光想着“我很幸运”是不够的，你还需要更进一步，睁大眼睛，努力寻找以前忽视的馈赠。最好的感谢是带有细节的——为什么感谢？我觉得那句“感谢你做的一切”是一种敷衍，说这话的人没有想清楚他最应该感谢的是什么。这里有两种感谢，你更愿意听哪一种？第一种：“盖尔阿姨，谢谢你所做的一切”；第二种：“感谢你邀请我们来度假，还准备了美味的红烧肉和我最爱的柠檬派。还有谢谢你邀请了我的室友，我们的房间非常舒服，被子也很柔软。真心喜欢你在晚餐后教我们玩拼字游戏。同时，还要感谢克劳德叔叔来机场接我们，他的学习建议对我们来说真是无价之宝”。当然，你不一定要每次都列出这么详细的清单，但是当你感谢别人的时候，最好深入地想想，要感谢哪些具体的事情。

生命中的馈赠总是以各种方式出现在我们身边——在急诊室外耐心陪伴的朋友，攀上仓库帮你寻找商品的超市工作人员，在客用浴室里布置了鲜花的女主人，分享有趣小说的老师，为了让你更舒适而调整健身房风扇位置的服务员。生命的馈赠以各种方式出现在我们身边，请睁大双眼发现它们。

试试看

今天你从别人那里获得了哪些“礼物”？列出清单。[1]找到确定的项目，哪些未曾谋面的人帮助过你？确定馈赠和馈赠者。

下面是我的记录：

“我丈夫处理了垃圾并回收了废物”。

1 “今天的礼物”是内观的第一个问题（我的一生中从他人那里获得了多少帮助？）的变化版。更多内容，请查阅大卫·雷诺兹的作品。

“保险代理帮我们办理了事故报告的存档”。

“邮局职员帮我称包裹重量并计算费用”。

“邻居送给我他自己种的番茄”。

“市政工作人员在平整我家门口的道路”。

“我的打印机打印了这份稿件”。

“房间墙角的取暖器给了我温暖”。

试试看

谁是你的远程助手？时间上或者空间上，哪些离你很远的人曾经或正在帮助你？找到一个遥远的馈赠者，并按照线索理清现在的你是如何受益的？

（我时常会与家人或朋友一起玩这个游戏，特别是在旅行的时候。[2]）

---

2 大卫·雷诺兹发明了这个游戏。这个游戏让我受益匪浅，在此对他表示感谢。

比如，一位女服务员把食物交给汽车修理工，汽车修理工又修理了水电工的车子，水电工才能开车将戏剧系大楼的电缆修好，这样留守在大楼的行政人员罗恩才能开车去买回我现在正在使用的笔记本电脑。

你能看出这些事之间的联系吗？我现在的舒适得益于其他人的付出。相互依存是不争的事实。理解了这一点，我们才能更好地确定自己在这个世界中的位置和作用。

试试看

练习感恩。数数自己一天可以说多少次谢谢。请大声地通过各种方式来表达谢意。“谢谢”“你真好”“非常感激”“你想得真周到”……

试试看

每天写一份感谢卡片或电子邮件。

记得说出你感激的细节。

不要错过上帝的馈赠

- 永远带着感恩的态度看世界。
- 珍视细节。
- 什么东西、什么人正在帮助你。
- 感谢那些默默无闻工作的人。
- 你做了什么来回馈他人?
- 让馈赠不停地传递下去。
- 再小的行动都是有意义的。每一件事情都有可能帮助到别人。
- 把“谢谢”挂在嘴边。

第十条原则

求求你，犯个错

对杂耍来说，最难的不是耍得更酷，而是怎样去失误。

——安东尼·佛罗斯特

《戏剧中的即兴表演》

我的教室挂着这样一条标语：如果不犯错，就不是即兴表演。错误是我们的朋友，我们的伙伴。人不可能不犯错，我们都是从错误中学习的。表演免不了犯错，也没有必要刻意避免。第十条原则鼓励你大胆犯错，大胆冒险！

也许，你需要一段时间才能接受这条原则。长久以来，错误的名声很不好，没有人愿意犯错。我们总感觉面前有一排无情的裁判，只要我们一犯错就亮出最低分。我丈夫曾经感叹："幸好生活里没有奥运裁判"。人们应该改变观念，不再惧怕犯错。当众犯错给人自然、真实的感觉。"大人物"如果脱稿发言，或者表现得笨手笨脚，会让人觉得更真实和亲切——就像普通人一样。大多数观众其实很乐意看到舞台上的人在聚光灯下"挣扎"，展露真实的一面。

"求求你，犯个错"是鼓励你冒险，离开你的舒适圈，尝试做一些有挑战性的事、一些你把控不住的事、一些成功率不高的事。这就像海龟，只有冒险探出头，才能前进。我们要养成敢于冒险的习惯。有时，我会要求学生每节课至少犯一个令自己汗颜的错误，让学他们惯犯错的感觉。我们应该关注的不是错误本身，而是犯错之后怎么做。下面来看看高手是怎么处理的。

有一次，“真小说杂志”即兴剧团做跨年夜演出。根据观众的建议，表演的主题定为“修女的斗争”。舞台上，演员即兴表演：三位修女——艾格尼丝、玛丽和克莱尔之间发生了冲突，神父来到修道院门口敲门。演员黛安应了门，她在前一场戏中饰演的是艾格尼丝修女。神父说道：“我来找艾格尼丝修女。”可黛安一时忘记这正是自己饰演的角色，回答：“好的，我去叫她。”刚走出两步，她就发现了这个错误。“好吧，艾格尼丝修女就是我，”她笑道，“我猜修女都长一个样子。”这个处理把观众给乐坏了。

错误通常是计划之外的状况——意想不到的事情，比如，一个奇怪的结局或是一段意料之外的旅程。有时使用“错误”这个字眼，只是因为结局并非是我们所期待的。来看这场电影就是个错误，我们责备、抱怨。然而，一味后悔“我为什么要这么做”并非良策。这时，最该做的是想想“接下来应该怎么办”“我吸取了什么教训”“它有没有好的一面”等。面对错误，积极的反应是面对它、承认它，可能的话，还应该利用它。艺术家就经常这么做——利用每一滴“计划外”的颜料，即兴创作。当事情不如意时，观察它的趋势，想想如何处理。也许你看了一部烂片，但是走出影院，恰好发现了一家迷人的新餐厅。所以，多看看，别错过。

我鼓励你犯错，但这并不意味着纵容你粗心大意，忽视细节——绝对不是这样。相反，细节决定一切。这条原则不是为你犯错提供借口。如果因为疏忽给别人带来了麻烦，应该真诚地道歉。所以，千万不要粗心，但也不要过于谨小慎微。我们的目标是面对错误时，不颓丧、不抱怨，不屈不挠，用最快的速度“原地满血复活”。

托马斯·爱迪生为了找到适合做电灯灯丝的材料，失败了三千多次。每次失败都积累了经验。最终，他发明了电灯。“200颗失败的灯泡，每一颗都告诉我下一次可以尝试哪些别的材料。”爱迪生如实写道。

当然，有时精确性至关重要，不允许有丝毫差错。比如脑外科手术或导弹发射，稍有偏差都会产生非常恶劣的后果。但在99.9%的情况下，错误最多带来一个我们没有想到的结果，不仅如此，它还能给我们提供有用的信息。听上去不赖吧。

试试看

冒一次险。去一家新餐厅，尝试一下你不熟悉的菜式。只要这道菜在菜单上看起来足够诱人，就大胆地告诉服务生“我点份这个”。说不定这一举动能拓展你的美食世界。

行小丑礼

马特·史密斯是西雅图的即兴表演老师兼独角戏演员。他教给我一个能使人从失误的尴尬中摆脱出来的游戏。他把这个游戏称为“小丑礼”。马特说这是马戏团小丑失误后常用的救场方式。小丑失误后不是缩手缩脚或默默在心里骂自己“噢，不，我搞砸了”，相反，他会面向一侧的观众行个盛大而华丽的礼，把手高高地伸向空中并发出“嗒哒”声，然后转向另外一侧的观众再次行礼，“嗒哒”，让所有观众看到他的致意。

这样做的好处是把自己的注意力拉回到表演本身。以这种积极的、向前看的心态面对失误是非常有益的。一般人犯错后会想，“我怎么这么差？”会畏缩，想放弃。其实，错误应该让我们更清醒，更警觉，更有活力。“嗒哒”一声进入下一个环节。现在，想想能从错误中得到什么？接下来怎么做？

不要太在意结果，尽管洒脱并非易事。我们会本能地在心里设定期望：一次顺利的成人礼，一块没有污渍的地毯，一顿能收录进美食杂志的晚餐，一场畅所欲言的会议，一段完美的假期。可是，设想越好，结果反而越令人失望。梦想不能放弃，但也不要把它当成尺子去丈量当下的结果。观察生活，接受发生的一切，包括错误，然后继续创造美好。关键是要有一颗灵活变通的心。

犯错和失败的经历可以塑造人的性格。1992年，格哈德·卡斯帕接受了斯坦福大学校长的职位。10月2日，盛大庄严的就职演说在佛罗斯特露天剧院举行，包括前任校长理查德·莱曼教授和唐纳德·肯尼迪教授在内的众多重要人物及7000多名来宾出席了就职演说。我被邀请朗读一段斯坦福大学创始人简·斯坦福的著作。以前，我也在公共场合朗读过她的著作，但是在这种庄严的场合还是第一次。

那天，我身着传统的学位袍，戴着学位帽和学位领巾，沐浴在灿烂的加州阳光里。按照程序，我的朗读安排在斯坦福大学管弦乐团为卡斯帕校长演奏完毕之后进行。舞台上，乐团位于学术代表团的后方。乐团指挥一声令下，乐手们开始演奏动人心弦的乐章。随着音乐渐停，露天剧场安静了下来。我便起身走向讲台，把书放到架子上，深吸了一口气，说道："现在我将朗诵简·斯坦福的……"可就在此时，小号和小提琴突然发出了优美的声音，演奏进入了最后一个章节。

糟糕！

我的神啦，我不知所措地僵在那儿望着观众的脸，别提有多尴尬。我能做的只是乖乖地回到我的座位上，好好欣赏（至少听一听）最后一个乐章，等待掌声响起。于是，我昂首挺胸，走回了自己的座位，坐下来耐心等待。最后，音乐结束，观众鼓掌。我再次起身回到讲台，"现在，我将朗诵简·斯坦福的……"

我听到了台下沙沙的笑声，夹杂着一些理解的窃窃私语。观众并不太在意被我扰乱的程序。对我而言，真正要做的是把注意力放在要进行的朗读上，放在要传递的信息上——简对未来斯坦福的憧憬。我调整心态，体会简的思想状态，朗读进行得很顺利。我没有让那个小失误变得更严重，它只是一个小插曲。如果你犯了错，就把注意力放到接下来的事情上。集中精力和心思做好之后的事。向前看，别回头。

《正向教练》(Positive Coaching) 一书的作者吉姆·汤普森，向他的篮球队分享了我在卡斯帕校长就职典礼上出糗的故事，同时还引述了约翰·伍登[1]的话，“犯错越多的球队就越可能赢得胜利”。汤普森鼓励队员在训练中多进攻，豁出去，如果犯错，就在心里说一声“嗒哒”。他的队员失误后不会小声嘀咕、相互埋怨，而是全身心地投入比赛，像行小丑礼一样，高举双臂，笑着大叫“嗒哒”。汤普森说，他看到队员在球场上犯错后喊“嗒哒”，就知道大家正在尽情发挥、享受比赛。

---

[1] 约翰·伍登（John Wooden）是美国篮球史上以运动员和教练员双重身份入选奈史密斯篮球荣誉纪念馆的唯一人。

试试看

行个小丑礼。

下次，如果你犯了错，或者做了什么蠢事，就行个小丑礼。高举双手，微笑，面对身边的人，大声说说："嗒哒"。然后观察并思考接下来应该做什么，马上动手。如果是在公共场合，你可以在心里默默执行这个步骤，不一定要大声地说出来。

众所周知，即兴演员是和错误相伴成长的。鼓励并允许自己每天至少犯一个错，并记录下来。每犯一个错，就祝贺一下，让自己成为一个自信的"犯错者"。放轻松。要知道，很多时候错误可能是一个机遇，甚至是一个恩典。当然，如果给他人造成了麻烦，必须真诚地道歉。

错误是生命中自然的、不可避免的一部分，就算我们做好详细计划，它还是可能出现。下面这个例子，能很好地证明这一点。

两种烹饪方法

国宝级的烹饪专家，朱莉娅·柴尔德[2]于2004年夏天去世。她的灵活、幽默，连同她精湛的厨艺，给人们留下了深刻的印象。每次面对厨房中的“灾难”，她展现出来的那份淡定与从容鼓励了好几代厨师。弗朗西斯·克莱恩斯就曾在《纽约时报》上撰文赞颂她：“错误不是世界的终结，而是人生游戏的一部分。实际上，小失误和小事故是电视节目《法国厨师》的固定环节，对柴尔德女士来说完全不是困扰。”

如何看待犯错这个问题？烹饪其实是一个理想的范例。我的两个朋友西莉亚和黛拉有着完全不同的烹饪方式。她俩都是烹饪爱好者，都享受美食带来的愉悦，并且乐于和朋友、家人分享这份喜悦。领教过她俩烹饪手艺的人，都会建议她们开餐厅。然而，她俩的烹饪风格截然不同：一个喜欢事先做计划（planner），一个重视临场发挥（improviser）。

西莉亚订阅了所有的美食杂志。她报名参加烹饪课，像读引人入胜的小说般沉浸于烹饪书籍中。她每周都去当地的农贸市场采购，上网查找外国的独特食材和特色食品。她会制订详细的计划，设计完美的菜单，有时还会一连几天开车在城里逛，

---

[2] 朱莉娅·柴尔德（Julia Child）是美国著名厨师及美食节目主持人。电影《朱莉与朱莉娅（Julie & Julia》中就穿插讲述了她在法国学习烹饪时的真实生活。

到特色小店和果蔬市场挑选食材。烹饪时，她严格遵照菜谱的要求。确实，她做的菜有时堪称艺术品，很多都非常美味，但也有很少一部分比较一般的，不过肯定能让客人吃饱。西莉亚讨厌犯错，即使她一丝不苟地按照菜谱烹饪，但意外还是在所难免。

黛拉只是偶尔看看烹饪图书和文章，她把大量的时间都花在了自己的小菜园里。她的烹饪原则是尽量利用身边方便、现成的食材。她会先打开冰箱看看有什么需要快点吃掉的东西，然后再看看地里有哪些蔬菜可以采摘。

黛拉能利用一切食材（剩菜、沙拉、酒，甚至会被大部分人扔掉的罐底的一丁点芥末）。用她自己的话说，这叫做“化腐朽为神奇”。黛拉讨厌浪费食物，她的烹饪理念是充分利用现成材料，合理搭配。她是个魔法师，我们有时竟分不清她用的什么食材。她常常做出全新的菜式，将剩余的炒菜变成汤品，将剩余的汤品变成意大利面酱汁，将剩余的意大利面酱汁变成比萨馅料……有一次，我喝了一碗美味的汤，问她到底用了什么神秘配方。她轻描淡写地回答道：“可能是一大匙我早就想解决掉的墨西哥辣椒酱。有好心人给了我这种不常见的辣椒酱，我可不能浪费，要把罐子里最后一勺放进汤里，喝个精光。”黛拉不害怕尝试新事物，也不担心犯错。从味道的角度来评价，她做的多数菜肴都能得优，有些为良。与西莉亚一样，仅仅一小部分算不上好，但都能让客人吃饱。

这是两种烹饪方式——西莉亚的计划派和黛拉的即兴发挥派——两者的成功概率差不多。小心的计划并不能保证烹饪不出错，而临场发挥也不是确保成功的灵药。

法语中有个很优雅的词，bricolage，可以用来形容黛拉的烹饪方式——就地取材。这是一种利用现成材料解决问题的方式，它把“负担”变成“资产”。动手前先想想有哪些可以利用的资源，这是一种心态，也是一种智慧。即兴发挥（借助现成材料巧妙发挥），不仅是一种烹饪风格，也是一种生活态度。

试试看

尝试就地取材。

与其跑去商店采购，不如想想手头有什么东西可以利用。比如，用漫画或者旧日历包装礼物，用现成的食材做一顿晚餐。

敢于承认错误

现实主义者能够深刻地理解错误的重要性。伟大的事业都要经历冒险和探索，难免会产生意料之外的结果。即便是常规、熟悉的工作，也有可能搞砸。大多数失误不必忏悔、检讨，但是有些错误确实需要。如果你犯的错误引发了信任危机，应该立刻承认错误并致歉。明白错误是不可避免的，同时坦率地承认错误，可以体现一个人的勇气和性情。

纪录片《战争迷雾》（The Fog of War）的主演罗伯特·麦克纳马拉（Robert McNamara）在接受采访时说过，所有的高级军官（包括他自己在内）都曾犯过一些严重的错误，以致在战争时造成不必要的伤亡，但我们从未听到他们承认过这一点。面对公众的责难，他们仅有的回应是由始至终的否认。然而，谎言很少能骗过所有人。那些不敢承认错误的官员是短视且幼稚的。难道诚实不是更聪明的选择吗？加入我们，勇敢地承认错误吧。

求求你，犯个错

- 如果不犯错，就不是即兴表演。
- 向海龟学习：伸出头才能前进。
- 当你犯错时，大声说“嗒哒”并行个小丑礼。
- 错了？关注接下来的事情。
- 放下过高的期望，培养灵活的心态。
- 错误有时候是恩典。
- 犯了错也要做一个自信的人，放轻松。
- 试试就地取材——巧妙地利用手边的东西。
- 承认错误能体现真性情。

第十一条原则

立即行动

我无法做到世界需要的一切美好，
但是世界需要我所做的一切美好。

——珍娜·斯坦菲尔德
《一切美好》，让改变发生

即兴表演的本质是行动，而且是立即行动。行动是为了探索接下来会发生什么，是因为我们有目标，或者有需要解决的问题。然而，立即行动却不是那么容易，大多数人习惯先思考、比较、计划，只有确定了方向，明确了思路，如同我奶奶说的，"所有鸭子都排成一排"，我们才会行动。

第十一条原则提醒我们行动在探索中的重要性。即兴演员总是在有计划之前就行动——"先开枪，后瞄准"。行动引领我们前行，提供更多的信息，告诉我们接下来怎么做。行动就是我们的导师和向导。耐克的宣传口号"Just do it"提醒我们，做一件事不需要过多的准备和计划。起身，行动——就这么简单。心理学家大卫·雷纳德有一句名言"我全部的梦想，就是我正在做的事情"，虽然我们懂这个道理，但是行动起来还是有所顾虑。

我们总觉得行动面临许多障碍。以写作者的灵感障碍（writer's block）为例，通常人们认为这是注意力不集中导致的。亚当，一位电视编剧就遇到了这个问题，"到底是什么导致我无法提笔做我该做的事情？这个问题把我搅拌得万分痛苦"。他求助于一位心理咨询师，每周就此进行讨论。他认为，只要找到了障碍，就能重新开始写作。

我认为，事情的关键不在于灵感出现了障碍。即便他有了灵感，也必须回到书桌前，打开电脑，坚持写作。纳塔莉·戈德堡[1]给作家的第一条原则就是“笔耕不辍”，也许这才是对他最好的建议。

任何有价值的工作，多少都含有不容易的成分，甚至恼人的部分，很多人会因此罹患拖延症。而拖延症会带来双重惩罚：一方面工作进展缓慢；另一方面我们会有挫败感。这时，你可以给困难的工作制定时间表，严格按照时间表完成。如果无法逃避，你就只能面对。

试试看

为一直拖延的工作制定时间表。把它写在日历或记事本上，设定一个时间。万事开头难，把重点放在如何开始上。（打一个电话？把冰箱里的东西都清理出来？装订文献？捡起扫帚？写一封道歉信？）

1 纳塔莉·戈德堡（Natalie Goldberg），《再活一次：用写作来调心》（Writing down the bones : freeing the writer within）一书的作者。

日本著名心理治疗师，森田正马医生（与西蒙德·弗洛伊德同时代的人物）建立了一套以行为治疗为基础的“森田疗法”。他帮助病人认识到有意义的行动本身就是一剂良药。与其让病人挣扎着试图摆脱神经质的想法，还不如让他们把注意力放到需要做的事情上，并努力做好它。

即兴演员能深刻领悟“森田疗法”的精髓。在即兴表演的舞台上，行动创造一切。不需要后台讨论，也不需要人物动机。意图、信念、决心，甚至承诺都不需要。行动就够了。

有一次，我在购物中心外面看到一位坐在车里系着安全带的女士打开车门，把喝过的饮料杯扔在车下，随后，砰的一声关上车门扬长而去。地上，没喝完的饮料从吸管里流了出来。我一边想：“为什么人们这么不关心环境？”一边走向空荡荡的停车场，把杯子捡起来扔进附近的垃圾箱。当我看到有什么事情需要做时，我通常会毫不犹豫地去做。即兴演员的本性让我总是第一时间采取行动，而不是思考这事应该归谁管。只要我看到了力所能及的事，我都会马上去做。

先做困难的工作是明智之举。关键工作的拖延会让问题逐渐恶化、扩散。拖延只会带来煎熬。不妨把重要的事放在一天开始时做。一位著名的人类学家告诉我，他总是把困难的工作放在早上做。对他来说，写作是困难的工作。对你来说，什么事情是最困难的呢？

试试看

先做重要的工作。什么事情是你真正迫切需要完成的？把它当成早上的第一项任务去做。

与伙伴一同行动

人有伴的时候，行动会变得更容易。参加一门课程或者一个俱乐部，找到志同道合的朋友。即兴表演是合作的艺术，大家聚到一起，会自然而然地开始表演。我们从彼此身上获得能量。有些事情一个人做会很乏味，但是和朋友一起做，就变成了一件很快乐的事。分工合作是优良传统，想想女人一起缝被子和男人一起收谷子的日子吧。你的生活中有类似的例子吗？

不要忽视朋友的力量。朋友除了互诉衷肠，相互鼓励，还可以一起参加活动，一起做事。何不在行动中增进彼此的情谊？朋友一起做有意义的事情，关系会变得更好。做一个组织者，号召朋友一同行动。

试试看

善用朋友的力量。和一位朋友商量定期做一件事（比如，早上七点一起散步，每周三次。）或者邀请一位朋友参加你拖延了很久的工作（比如，清理壁橱，整理捐献给慈善组织的衣物。）别人帮助了你，在别人需要帮助的时候，你也要帮助别人。这样的合作关系才会持久。

不要做路上的蝎子

“立即行动”原则提倡的不是鲁莽和蛮干。有意义的行动应该建立在目标清晰的基础上。（切记第八条原则：别忘了目标。）盲目冒进是莽撞的，有时我们需要的是等待和调整。即兴表演界有一种说法：静观其变，别着急下手。[2]我们的目标是采取有意义的行动，做需要做的事情。这意味着，有时我们不需要做任何事，只需要仔细观察，或者等别人先行动，为自己提供参考。

---

2 英语中有句常见的谚语：别傻站着，做点什么。（Don’t just stand there . Do something.）在即兴艺术中，有着正好相反的说法：静观其变，别着急动手。（Don’t just do something. Stand there.）

作为即兴演员，我一直在训练自己掌握事情的整体脉络。有时，我们对一件事情的本能反应不见得明智。每个人都有自己的盲点，所以有必要想想自己的第一反应是否明智。

有天早晨，我在旧金山的斯特恩公园散步时遇到一只奇怪的动物。它足足有20厘米长，栗色，看上去像一只小龙虾。但它不是出现在湖边，而是出现在水泥路的中间，离水源很远。我认出这是一只体型巨大的蝎子，它很有活力地朝东边移动着，和我步行的方向一致。我从后方观察，它的速度不快，像龙虾一样不停地往前爬着，显然没有发现后方的“敌情”。

20分钟后，我沿原路返回时又遇到了它。这一次，我是从正面接近它。我俩“四目相对”时，这个小家伙突然摆出了一副战斗姿态，用后腿站立着，提心吊胆地拿钳子指着我。它跳起了“双足战舞”，也许这是蝎子独有的一种防御策略。“好吧”，我想，“这也算是正当防卫”。我绕过它继续向前走，大约走出十米后，我回头看了看它。虽然威胁已经解除，但它依旧保持着自卫的姿态。可怜的小家伙，它浪费了好多体力。它没有发现巨大的阴影已经走远，而且这片阴影也不曾对它构成任何威胁。

这次不期而遇让我想到，我们何尝不是时常用第一反应代替深思熟虑？有一次，我在收拾桌面的时候发现了一张过期两个月的话费单。通常，这些账单应该由我丈夫负责处理。我的第一反应自然是很不高兴。如果我一时冲动，就少不了对丈夫埋怨一通。相反，只有冷静思考什么是此刻应该做的，才能采取更有意义的行动。首先，我要搞清楚这两个月的话费是否仍然没交。如果还没有，就要想想我可以做些什么来补救这种局面。也许，我可以试试大卫·雷纳德所说的“默默服务”，替罗恩完成这项工作。

思考片刻之后，我发现完全没必要发脾气。让情绪指挥行动不是一个好习惯。任何情绪都不能作为发泄的借口，不能成为刺耳的声音或不礼貌的举止的正当理由。也许我们无法控制本能反应，但可以控制后续行动。审慎地选择自己的行为，发挥你真正的能量。

换一种方式行动

对行动的要求（立即行动）为培养灵活性提供了平台。在第三条原则“即刻现身”那一节，我们讨论过改变地点的价值。接受第十一条原则，你将发现改变做事方式会带来意料之外的好处。请尝试换一种方式行动。

试试看

改变一些简单的习惯。比如，早晨喝咖啡时，不用杯子喝，而是尝试像法国人那样用碗喝，或是像土耳其人那样用玻璃樽喝。不要大步流星地从车里走到办公室，换一种节奏，慢慢走，仔细看看周围，也许会有意外的发现。

试试看

将时间表调整一小时，看看会发生什么。

提前一个小时上床，第二天，提前一个小时起床，提前一个小时出发。到达工作地点后，做一些你平时没做过的事，比如踱踱步、翻一下杂志、清理桌面、深呼吸，好好享受这多出来的时间。然后，你可以按照以往的规律工作。晚上回到家，比平时提前一个小时睡觉。如果你习惯定时收看某个电视节目，为了不影响这个练习，你可以把节目录下来，在方便的时候看。

试试看

找一条新路回家。在家和工作地点之间找一条新路（从公寓到商场的也行）。留意这条新路上的地标和植物。在自己的城市做一次观光游客，也许从此你每天都会期待走新的路，期待新的发现。

立即行动

- 即兴表演的本质是行动。
- 行动是为了探索接下来会发生什么。
- 不必等到有感觉才开始行动。
- 给困难的工作制订计划并严格按照时间表执行。
- 邀请朋友和你一起行动。
- 从困难的事入手。
- 换一种方式做事，找到新的视角。
- 有时需要静观其变。
- 如果你无法逃避，就请坦然面对。

第十二条原则

互相关照

我们是群居生物。几十万年来，那些懂得关心、懂得爱、懂得处理相互之间关系的群体，总是比那些不谙此道的群体存活得更久。

——迪恩·奥尼什医生

《爱与生存》[1]

1 《爱与生存》(Love and Survival)，预防医学研究中心，2004. *http://my.webmd.com/content/article/81/97068.html*.

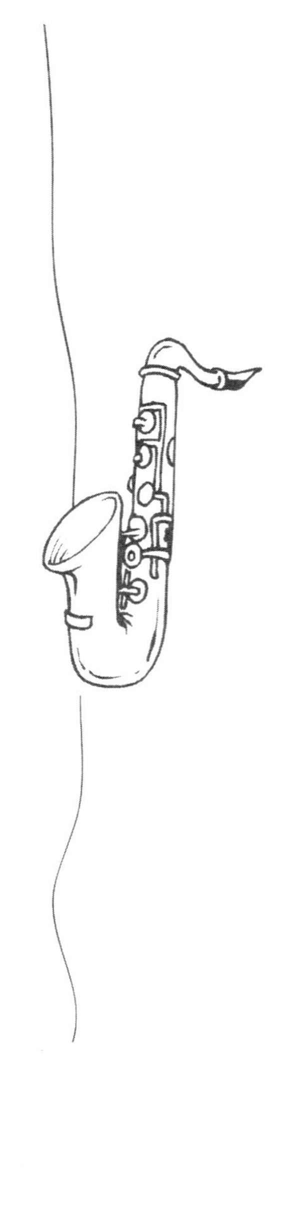

想象海中有一艘小船，船上有5个人，他们都希望熬过暴风雨。他们知道，只有相互关心，相互扶持，才能活下去。即兴表演的情况与此类似，演员站在观众面前，却没有剧本，这可如何是好？只能靠大家相互支持，相互帮助，表演才能进行下去。自私的基因不适合即兴表演。靠单打独斗，你也许能驾驭独角戏，却无法融入即兴团队。优秀的即兴演员往往慷慨大方，会照顾人。能遵守第十二条原则的人，一定会成为你可以信赖的亲密战友。

初学即兴表演，老师就告诉我们要衬托同伴，尽可能接受并延续同伴抛出的想法。每个人的表现和荣誉都掌握在队友手里，我们需要相互关照。

这里我想讲一个禅宗公案。在一个严酷的寒冬里，暴风雪肆虐，积雪很深，老和尚和小和尚在河堤上走着。突然，老和尚不小心跌进了一个3米深的冰窟窿。小和尚想尽办法也救不出老和尚。小和尚会怎么做呢？答案是小和尚也跳进了冰窟窿，陪老和尚受苦。有时候，我们唯一能做的是陪在同伴身边，有难同当。就算无能为力，也不能抛弃危难中的朋友。

当同伴在台上遇到困难时，即兴演员能迅速挺身而出，尝试化解糟糕的局面。即使没有解决办法，也可以像小和尚一样，静静陪在同伴身边。

有些苦难是无法避免的，也没有办法挽救。比如心爱的人得重病，宠物发生意外。苦难考验我们帮助和关心他人的能力。即兴表演的舞台总是充满了意外，表演者需要尽最大努力支持同伴，做出牺牲。就算无计可施，至少可以陪在同伴身边。

体验到相互帮助带来的快乐和安全感后，团队成员就能意识到这才是合作的精髓。仿佛每个人都有一个天使（也可能是一群天使）守护着。只要你遵守第十二条原则，你也可以让自己变成守护天使。

试试看

做守护天使。选一个朋友、同事或者家人，时刻照顾他。为他扫清前进路上的障碍，让他看到希望，或者帮助他完成一些任务。给他写感谢或者鼓励的字条。

分享控制权

优秀的即兴演员往往合作得非常默契，以至于让人觉得神秘莫测。外人可能会怀疑这默契的表演是经过排练的，或是按照剧本表演的，否则难以解释人与人之间如何可以如此默契。音乐家斯蒂芬·纳赫曼诺维奇在《自由表演》一书中描述过这种现象：

我和搭档一起演奏，互相倾听，互相配合，音乐将我们联系在一起。他不知道我要怎么演奏，我也不知道他会演奏什么，然而，我们可以相互感觉、相互引导、相互跟随。表演之前并没有约定的套路和方法，但是只要演出开始5秒，我们就能在配合中找到默契。我们可以打开对方的思路，就像打开一个又一个套娃。一种神秘的信息在我们的心灵间传递，这速度比用眼看、附耳听还要快。这种神奇的效果并非源于任何一方，我们的风格仍然在各自发挥着作用。这种效果也不是来自妥协和折中（折中的处理方法只会导致乏善可陈，）而是来自第三种方式，一种完全不同于我们单独表演时采取的方式。它对我们双方来说，都是全新的发现。仿佛我们成为了一个新物种，依据这个物种莫可名状的群体智慧，表现出这个群体独特的个性和思维。[1]

---

1 Stephen Nachmanovitch, *Free Play: Improvisation in Art and Life*（Los Angeles: J. P. Tarcher）, 1990, 94—95.

即兴表演就是在没有固定模式的情况下，表演者之间进行的不间断的合作。欣赏爵士乐时，我们就能感受到这种表演的魅力：交替演奏、相互协调、即兴发挥、在合适时结束，每一个环节都体现着乐队成员的默契合作。这种默契也出现在日常生活中。优秀的团队都具备这一能力：大家擅长彼此观察，仿佛知道什么时候该行动，什么时候该等待。也许你也加入过按照这种方式运行的团队，比如合唱队、乐队、委员会，等等。理想的团队合作模式可以为灵感提供源泉，让思想碰撞出火花。只要经过训练，普罗大众也能掌握这种“即兴才能”，比如认真倾听、仔细观察、奉献、支持、领导、跟随、补位，以及在适当的时候结束。

对重视独立性的人来说，分享控制权是最难做到的。通常，我的学生只有两种，要么是领导者，要么是跟随者。从即兴表演的角度看，这种传统的主从控制方式是有缺陷的。传统的表演由一位领导者主导和策划，他负责构思，制定决策。担子都压在领导者一个人身上。他的“跟随者”只需要执行他设计好的方案即可。跟随者要让自己的想法和表现服从领导者的意志。跟随者只要遵守指令，不越界，不犯错，就算合格，也就不需要承担责任。而领导者，除了要构思所有的点子，还要给每个人分配指令。

在即兴表演中，分享控制权是一条基本原则。它不同于“我指挥，你服从”的模式，领导者的角色随时可能发生转换，因此每个人都要保持警觉和活力。每个成员都对表演负有责任，没有人处于绝对控制地位。所有表演者都有权利和义务推动情节的发展，不断根据新出现的情况进行调整。分享控制权的本质其实是做你该做的事。

如果大家能做到分享控制权，那么表演就会像没有人主导一样，所有人都跟着情节发展自然地表演，仿佛冥冥之中自有天意。要做到这一点，表演者必须把注意力放在舞台上正在发生的事情上。他可以“碰巧路过”，然后将出车祸的乘客从车里救出来；或者在情节进行得太过顺利时唱唱反调，扮演坏蛋。分享控制权需要每个表演者时刻保持清醒的头脑，根据情况的变化采取相应的行动。

“不关我的事”这种态度是即兴表演不能接受的。只要有需要，只要我能做到，那就是我的事。打扫厨房卫生有两种方式。一种是用左脑的思维方式，将所有工作详细分配给每个人，并地记录在家庭公告栏上。周五玛丽洗盘子，汤姆做饭，塞莱斯特倒垃圾。如果塞莱斯特看到厨房有一堆没洗的脏盘子，她可以径直走向垃圾桶，倒掉垃圾，然后毫无负罪感地跷着二郎腿，心满意足地看电视，因为她的事情做完了。可是玛丽的工作还没完成。另一种是用右脑的思维方式（即兴表演的思维方式），让所有人都担起责任来。谁先看到没洗的盘子谁就动手洗。

如果有人发现工作没有得到有效分担，可以适时提醒其他成员，所谓响鼓不用重锤敲。始终想做领导者的人（总是控制和主导局面的人）和始终被动接受指令的人（没能做出贡献或承担责任的人）都不适合即兴表演。即兴表演的精神是人人平等。

我相信人是渴望合作的，但是传统的领导模式和思维习惯阻止大家享受分享控制权带来的快乐。我和丈夫就是采用这种方式分担家务的。我们都要有责任感，但是千万不要试图凭一己之力控制整个局面。每个人都扮演好自己的角色就行。这不就是生活吗？

分享控制权的小技巧

- 保持警觉，睁开双眼仔细观察。
- 深呼吸并提醒自己放松。
- 留心事情的进展——注意，注意，再注意。
- 观察其他人的言行。
- 看到需要做的事，立刻去做。
- 尊重事情本来的样子，而不是按照自己的喜好行事。
- 成就你的搭档——支持他/她。

- 理解当下。
- 犯错后不要分心，想想接下来怎么做。
- 不要停止表演，哪怕你不知道做得对不对。

心怀善意

我的团队获得过许多夸奖，其中，我最喜欢的一句是“斯坦福即兴表演团队是所有盟校中最亲切的，和他们相处相当愉快”。并不是所有的表演团队在表演时都强调礼貌，但是我们很看重这一点。表演时我们经常和不认识的演员合作，唯有善待对方才能使合作顺利。这也是相互关照的一种形式。可惜，人们往往过于强调“善待自己”。

环保作家比尔·麦克凯宾做过一个特别的实验。1990年，他让一家位于弗吉尼亚州费尔法克斯的电视台录下他们一天内播出的所有节目。他带着这1700个小时的节目录像回到了阿迪朗达克的家中，花了近一年时间观看这些节目。后来他把自己的发现全都记录在著作《信息遗失的年代》中。他在佛蒙特州进行的一次演讲中总结道：

> “实际上，如此大量的资料并不像人们想象的那样有很多闲话和无用信息。在那些看似喋喋不休的唠叨中，包含了十分丰富的信息。回想看过的那些节目，我发现它们的主题无外乎是在强调‘我们每一个人都是宇宙的中心，是地球上最重要的东西’。我们被灌输这样的概念：我们是最重要的，所有东西都要围绕我们转，要根据我们的意志运转，为我们提供便利。”[2]

他继续说道，虽然这些概念迎合了我们的部分本性，但是骨子里我们很清楚什么才是最好的。“我们期待多接触大自然，锻炼我们的身体和感官，与周围的生命进行互动。我们期待多和他人接触，融入群体，不仅通过电子邮件来保持联系，还能面对面地进行交流。”这不正是即兴表演最吸引人的地方么？

我们在冒险和从事结果不确定的工作时，往往缺乏安全感。怀着善意和关心进行表演，用合作代替竞争，可以让人产生安全感。心怀善意这一传统美德必须重新进行挖掘、研究和实践。这一价值观应该超越即兴表演的舞台，渗透进我们的生活。善意可以温暖同事、朋友和邻居，美满的家庭更是离不开善意。

---

2 Bill McKibben, “Finding Meaning in an Age of Distraction: From the Personal to the Political,” Thirty Thousand Days: A Journal for Purposeful Living 9, no. 3 (2003): 1.

为身边的人着想，认真倾听，关心同伴，不轻易批评。帮助他人实现梦想，扩展志趣。

我的丈夫罗恩是马拉松爱好者。而我打心眼里不喜欢运动，平时在家，我是只“沙发土豆”，躺下去就不肯再爬起来。罗恩谈起自己参加过的比赛时，总会眉飞色舞，连饮水点和心率变化这样的细节都不放过。多年来，只要他开始谈论马拉松，我都会假装饶有兴趣，然后想办法换一个我喜欢的话题。直到最近，我才开始认真倾听他谈论的赛场趣事，还向他请教跑步的问题。我在朋友面前表扬他，赞赏他。我给他订阅了跑步者杂志，陪他去其他城市参加比赛。在硅谷马拉松比赛中，我加入了志愿者服务队伍，给选手们送水。现在，我会尽我所能支持他的爱好。

我的态度转变带来了积极的效果：我开始对他的世界感兴趣，再也不用装模作样了。虽然我还是没有报名参加波士顿马拉松比赛，但我已经开始去健身房锻炼身体，并且体会到了运动的乐趣。现在，我可以和罗恩交流我们锻炼的心得，我们彼此也爱得更深了。支持同伴的行为引发了幸福的连锁反应，善意地对待他人可以让你收获十倍的回报。

如果不为他人着想，你就无法开展即兴表演。舞台下的生活亦是如此，关心他人可以深化感情，增进友谊，甚至可以挽救婚姻。善意行事，行善事——两者同样重要。

1947年，银行家大卫·邓恩在《福布斯》杂志上发表了一篇文章，后被《读者文摘》转载，最终以《奉献自己》（Try giving yourself away）为名出版成书。大卫·邓恩认为，每个人能给予别人的东西都是不同的，而把哪些东西作为礼物也因人而异。"有些人有空余的时间，有些人有过剩的精力和体能，有些人有特殊的技艺和才能，有些人则拥有想象力、组织能力和领导才能。"[3]自从明确了这一点，大卫·邓恩发现有无数的小技巧可以帮他"奉献自己"。

大卫·邓恩遵循的一条基本原则就是将所有积极的想法都表达出来。如果他在餐厅里吃到了美味的食物，那么他一定不会沉默。他会径直走到厨房，称赞厨师的手艺，或者回家之后写感激信。他总在寻找是谁的奉献使他拥有了快乐的心情，然后和这些人联系，赞扬他们、感谢他们。

最近，我给谷歌公司的CEO写了一封感谢信，感谢他们的搜索引擎让我的生活变得更容易了。我列举了一周内搜索引擎帮到我的20个例子：找到了一张父亲在弗吉尼亚看护中心的照

[3] David Dunn, *Try Giving Yourself Away* (Louisville, Ky: The Updegraff Press, 1998), 3.

片；为维也纳圣诞之旅预订了含早餐的房间；把建筑面积转换为容积；买机票；确定了一家本地餐厅的位置；分析了一张报价单；找到了一位老朋友……几周后，我收到了谷歌寄来的包裹，里面有T恤衫、棒球帽、钢笔和记事本。无论我怎么想办法回馈他人，我终究还是在接受这个世界对我的馈赠。

试试看

先为他人着想。

在一天中，优先考虑别人的方便，而不是自己的。看看这样做是否会和你平时的做法产生不同的效果。对于你来说，这样做的困难在哪里。看看你能收获多大的满足感。

试试看

做一些对世界友好的事情。

看看街坊或办公室有什么你可以做的小事。不要张扬，不求表扬，单纯地做一件好事。（比如，捡起垃圾桶周围的碎屑，给无人照顾的植物浇水，移走掉到路上的树枝。）

聆听是善意的行为

认真地听。即兴演员一定是世界上最好的聆听者，因为舞台上的每一个词都相当关键。聆听对即兴表演来说是一门艺术。演员必须记住只提到一次的细节，而微小的细节往往是整个故事的焦点。即兴演员要理解、记住每一句话、每一个动作。

真小说杂志剧团的演员们做过一个练习。请一个人讲三分钟的故事，或者描述一件事，要包含尽可能多的细节。她的搭档专心聆听，在故事讲完之后马上复述出来，如果可能，要一字不落地复述出来。复述最大的挑战是按顺序记住细节和地名。这听上去这是一项不可能完成的任务，但稍加练习，是可以做到的。虽然需要付出努力，但是效果足以令你吃惊。W.A.马修在《聆听读本》（The Listening Book）一书中记载了很多简单的小游戏和练习，可以帮助人们成为更好的聆听者。

试试看

聆听，仿佛这是生命的全部意义。

不仅要听对方说的话，还要听语调，听节奏，观察对方的表情和姿态。挑战一下自己，努力记住你听到的所有内容。

做个慷慨的人

慷慨是善意的必然结果。慷慨的人一定是富有的，它与拥有多少东西无关。只要我们愿意给予和分享，就有数不尽的“资产”。慷慨和“说Yes”原则有着密切的联系。即兴演员很清楚自己的任务是尽可能地付出。

在斯坦福大学，我多次被邀请为年轻的企业家做关于团队建设的讲座。这些年轻人都入选了梅菲尔德奖学金计划（MFP），他们要进行为期9个月的学习和实践，以获得管理高科技公司所需要的能力。该项目的负责人，汤姆·拜尔斯教授跟我分享了团队的指导原则。他告诉我，下面五项特质是成功的关键：

1. 守时。

2. 对人和善。

3. 言出必行。

4. 兑现的比承诺的多。

5. 工作时充满激情。

这些特质听上去与即兴演员的特质并无二致。兑现的比承诺的多，对于生活也是一条至理格言。只要有可能，就要尽量慷慨付出。

如果我们养成了相互关照的习惯，自然而然，我们关照的对象会逐步扩展至周围的环境以及生活中的各种事物。尊重不应该只停留在人与人之间，保护服务于我们的物品也有着重要的意义。爱德华·埃斯佩·布朗有本书叫《番茄的祝福和萝卜的教诲》，这是一本很有趣的菜谱，同时也是一部“心灵鸡汤”。其中有一条来自禅宗的建议：“用双手拿起一件东西，而不要单手拿起两件。”[4]

---

[4] Edward Espe Brown, *Tomato Blessings and Radish Teachings* (New York: Riverhead Books, 1997), 148.

互相关照

- 做他人的守护天使，支持你的搭档。
- 当他人陷入困境时，帮助他或陪伴他。
- 分享控制权，不要独占。
- 在混乱和危机中，保持善意至关重要。
- 尝试奉献自己。
- 将正面的思想化为语言或行动。
- 做“随机的善行”
- 他人的方便比自己的更重要。
- 聆听，仿佛这是生命的全部意义。
- 兑现的比承诺的多。

第十三条原则

享受生活

有时，快乐是微笑的因；
有时，快乐是微笑的果。

——一行禅师（越南禅宗僧人）

课堂的喧闹声给周围人带来了干扰，我一直为此感到抱歉，又苦于找不到可以安静教授即兴表演的方法。我的教室在戏剧学院的大楼里，正好在斯坦福大学的环路边上，那里总是充满了各种声音，尖叫声和笑声不绝于耳。过路的人也许会疑惑在这么浮躁的地方怎么潜心做学问，但我们做到了。玩耍可以放松紧绷的神经。灵活的思维往往比刻板的思维更有效率。欢笑把学习变成了一件轻松的事，它不仅能创造更多的社交机会，还有助于智力的进一步开发。当然，欢笑并不是学习的先决条件，但也没必要刻意拒绝它。

如果有可能，请尽情欢笑，享受生活。释迦牟尼、蒙娜丽莎的脸上都带着含蓄的微笑。即使生活不易，也总有些事情能让我们会心一笑。传统的观点认为，“乐趣”与工作无关，只有把工作做完，才能体会到工作成果带来的“乐趣”。孩子能够享受乐趣，而成年人有正儿八经的工作要做，于是“享受”逐渐从他们的字典里消失了。

我有一位学生——布拉德利·尼德医生，他用灿烂的笑容和幽默的语言讲授枯燥的营养学。最近他写信给我分享了离开斯坦福大学后的经历。自诩为“健康又幽默”的布拉德利是内科医生，同时也是成功的演讲者。他总是用笑话、打油诗、有趣的故事向公众宣传健康的生活方式（合理饮食、锻炼身体等）。这些技巧都是他在即兴表演课上学到的。当被问到笑是不是最好的药时，他坦承，“青霉素才是真正的良药，吗啡也有神奇的功效，尽管如此，微笑的作用也不可小觑”[1]。

科学已经证实了游戏在自然界中的价值。动物会在草丛里追逐，在树枝上打闹，通过游戏消耗过剩能量。我家那只上了年纪的猫总爱追着一只用厕纸卷成的球上蹿下跳，一玩就是一整天。其实，享受是做事情的一种方式，和事情本身无关。我有个朋友可以把游玩迪斯尼乐园的过程活生生变成一项枯燥的工作，因为他强迫症似地要把每一件小事都提前计划好。换一种心态，打扫阁楼和车库这种枯燥的家务也能变成享受，你可以在干活时听喜欢的音乐，边跳舞边清理蜘蛛网，千万别错过了生活的乐趣。

尽可能享受生命的旅程。换一个角度对待生活，就像那句老话，“天使会飞是因为他们活得轻松”。“享受生活”其实是很容易做到的。每个人都希望得到幸福，免受苦难。秘诀就在于学习怎样拥有快乐。是什么创造了快乐？我们怎样才能把快乐带回家？

---

[1] 摘自布拉德利·尼德医生的网站：*http://www.healthyhumorist.com/biography.htm*。

几乎所有进入过即兴表演世界的人，无论是观众还是演员，都认为“这里充满了乐趣”。他们觉得“学会与人交流”之类的讲座很枯燥，于是成群结队来参加即兴活动，在欢笑中学习如何与人打交道。玩游戏、编故事、滑稽表演唤起每个人未泯的童心，提醒我们的生活可以很简单。

斯坦福大学的学习压力非常大，即兴表演是一种很受欢迎的减压方式。在压力下，我们仍然可以找到快乐，寻找新奇的事物，尽情地玩耍，忘掉标准答案。人如果丧失了玩游戏的能力，那就危险了。想想那些在错误的地方寻找快乐的人，无异于误入歧途：购物、赌博，甚至吸毒。

玩即兴游戏的要求并不高。当然，需要一个活动场所，以便大家可以面对面交流。设定几条简单的规则，同时对游戏中犯错持宽容的态度。条件允许的话，可以找一位老师从旁指导。什么样的事会让大家开怀大笑呢？是那些意外的、不经思考的、自然发生的事。跌倒了爬起来，顽皮一些，糊涂一点——这些都会带来欢乐。创造一个没有标准答案的环境，邀请朋友一起玩耍吧。

试试看

改编一首歌，唱出来。你可以自己哼个调子，也可以借用现成的旋律，只改改歌词，把自己一天的生活唱出来。现在就开始吧。

♫♫♫♫♩♩♩♩♫♫♫

有一年的毕业季，团队里的毕业生为亲友上演了一场即兴演出。那是他们最后一次演出，他们选择的剧目难度不小（将莎士比亚一首诗中的意境和他们的化学考试结合在一起）。我观察观众的表情，显然他们很喜欢这种恶搞，笑声不绝于耳。我不由想到，原来花很少的代价就可以创造这么多欢乐。人们聚在一起，一起游戏，一起犯错，一起解谜，一起处理问题，一起欢笑，或对或错，唱首歌，就这么快乐。

试试看

一起玩游戏。邀请朋友来参加“游戏之夜”或聚餐。试试下面这个简单的小游戏——“它有什么用？”随便挑样家庭用品（铲子、砂锅盖、抹布等），在所有人中间传递，每个人接到这件东西时都要说出它的一个用途，直到没人能说出为止。（例如，我举着铲子，想象它是一个话筒，我会说“这是个麦克风”，罗恩做着划船的动作，“这是只桨”。）注意，这个游戏没有错误答案。你也可以自己设计游戏，或者玩经典的猜词游戏。你最后一次玩“20问”[2]是什么时候？（这是动物、蔬菜、矿物吗？）

微笑

一次，在修车师傅为我的汽车轮胎充气的间隙，我来到一间很小的三明治店，与店里唯一的女服务员进行了一次难忘的交流。她六十多岁，头发灰白盘在脑后，有着我见过的最灿烂、最真诚的笑容。她看着我的眼睛，非常真诚地为我服务，令我有些受宠若惊。我点了一份全麦金枪鱼三明治，“你想烤一下吗？只需要几分钟，要不要再来一点免费的泡菜？”她看着我，笑容可掬。我接受了她的两个建议，然后看她细心地为我准备

[2] 20问（Twenty Questions）是起源于美国的传统益智类游戏。游戏中，裁判指定一个答案（可以是人也可以是物）然后其他玩家提问，裁判只能回答“是”或者“不是”在20个问题内猜中答案，方为胜。

三明治。把三明治递给我时，她又灿烂地笑了，告诉我如果还有什么需要，尽管告诉她，她非常愿意提供帮助。她做着简单的工作，却全情投入，看得出她很享受这份工作，享受生活。但为什么不是人人都能这样呢？

有时，我听到学生抱怨工作没有创造性，回报也不高，我很吃惊。其实快乐与我们所处的外部环境没有太大的关系，快乐只是我们看待生活的一种方式。相由心生，境由心转；我们对事物的评价，也并非其固有的。虽然那位服务员只是做三明治，然后递给客人，但她在工作中发现了快乐，她也没有要求这份工作本身“有趣”。

人类最大的、最可控的自由是可以自己选择态度。维克多·弗兰克尔在他的著作《生命的意义》（Man's Search for Meaning）中证明了这一观点。我告诉即兴演员要对其他演员微笑，要用鼓励的眼神看对方，不要皱着眉头或者用批评的眼神。做一个好演员，成就别人的一天。旅行家里克·史蒂夫有一套问题处理模式，“狂热地积极、坚决地乐观。如果有些事是你不喜欢的，别指望它们会改变，你能改变的永远只有自己的态度。”[3]

---

[3] Rick Steves, Rick Steves' Italy 2004 (Emeryville, Calif.: Avalon Travel, 2003), 37.

试试看

对一天中遇到的每一个人微笑。同时，也对着镜子里的自己微笑。观察微笑的效果。

当然，乐趣不可能随时随地存在，我们不能因此就挑三拣四，只做有乐趣的工作。有些工作需要坚持和努力，无论它们是否有吸引力。千万不要因为工作没有乐趣就轻易放弃。第十三条原则是让我们学会寻找工作中的乐趣，而不是等待有乐趣的工作到来。

我真的非常喜欢洗碗，很享受热水和泡沫的感觉，同时感激各种餐具给我提供的服务。我经常慢慢洗，品味整个过程——但并非总是如此。有时我只是想把碗洗干净，无所谓乐趣。

试试看

安排一件充满乐趣的事。和朋友或需要鼓舞的人（如医院里的老人或儿童）一起，做一个气球玩偶，或骑马车，或裸泳，或唱卡拉OK，或学霹雳舞，或观看即兴表演，或参观冰激凌工厂等。开心地玩，认真享受生活。

享受生活

- 寻找工作中的乐趣，即使是最平常的工作。
- 变着法儿玩。游戏对人类的成长至关重要。
- 当我们放松的时候，学习效率也会提高。
- 笑是良药。
- 如果你不喜欢一件事，那么请改变自己的态度。
- 微笑待人。
- 做一件充满乐趣的事。

尾声

有些即兴创作需要较长的时间。讽刺的是，完成这么一本关于即兴表演的小书花了我二十年时间。初稿可以追溯至1981年。书架上，装着初稿的数十个档案夹积满了厚厚的灰尘；计算机里，用于备份的电子文件，杂乱无章地保存在一个个存储器里，从古老的5.25英寸和3.5英寸的软盘，到100兆的光盘，再到大容量的U盘（没想到一个拇指大小的发明，可以装下30倍于我第一台计算机的数据）。所有资料我都标上了标签——“关于即兴的书”，在记忆中，我似乎无时无刻不在进行着创作。

我希望这一点能激励你。作为即兴表演课的老师，我不是应该不费吹灰之力就迅速写完这本书吗？可是为什么我花了这么长的时间？为什么我不能即兴地创作这本书呢？实际上，我确实是在“即兴创作”。我不断地对自己说Yes，把整个故事讲出来。日复一日，年复一年，我坐在桌前写作。我犯了无数个错误，并从中吸取教训，找到正确的方向。（多年来，这既是一本戏剧教科书，又是一本自省手册。）写作的过程中，我始终有着自己的目标——向读者揭示即兴表演的魅力。我从未放弃，直到我找到理解并相信本书理念的编辑和出版商。我很享受写作的过程。感谢我的朋友、学生和同事长久以来对我的支持，你们都是上帝的馈赠。所以，你看，即兴创作会以不同的程度、不同的形式，在不同的时间出现。也许，你也有一个儿时的梦想躺在书架上，满布灰尘。把它取下来，掸掸灰，只要已经开始，就永远不算太迟。

我知道，经过数十年的即兴表演，我已经变成了一个近似荒唐的乐观主义者。我相信人是可以改变的，我曾亲眼见过。复杂的难题和坏习惯都可以被克服。从"十二步项目"[1]在世界范围的流行，可以看出，绝大多数人都有改善生活的决心。如果你的生活需要做出改变，我希望这本书可以给你迈出第一步的启发。

[1] 十二步项目（twelve-step program），是一套行为准则，用于帮助戒除酒瘾、毒瘾、网瘾等，也用于纠正行为习惯。

多年前，我扔掉了那些初学绘画时的涂色套装，开始使用新的工具。然而，我依然对那些涂色套装的生产者充满感激，因为它们让我第一次拿起了画笔作画。此后的半个多世纪里，我画了大量的明信片。经验告诉我，浮想联翩时，灵感会不断涌现。而将灵感转化为作品的过程更加令人惊奇。多年来的即兴表演让我不再过分关注结果，而是对过程更感兴趣。

然而，绘画总是会产生最终作品的。看着这些作品，我觉得它们不完全属于我自己，而是上帝握着我的手创作出来的。经验告诉我，波洛尼厄斯的忠告——“做真实的自己（to thine own self be true）”[2]，其实并不太正确。一场完美的即兴演出凭借的不仅是真实的自己，还有这一刻我接触的所有人，以及天时与地利。保持这样的心态让我们有更广阔的视野，也能更清楚地认识到自己在其中所扮演的角色。生命的意义就这样凸显出来。

我很喜欢一个讲盲海龟的佛学故事，其中谈到了“转世”——我们获得的最非凡的馈赠。传说，有人将一只带孔的浮木扔进海里，浮木顺着洋流漂流。每一百年，会有一只盲海龟从海底游到海面。这只海龟会有多大机会把头伸进浮木的孔中

---

2 波洛尼厄斯（Polonius）是莎士比亚的著作《哈姆雷特》中的大臣，即欧菲莉亚的父亲。“to thine own self be true”在中文版《哈姆雷特》中译作“万勿自欺”，后一句是“如此，就像夜之将随日，你也不会欺将于他人”。

呢？传说，这就是人获得转世的机会。我们如此有幸得到了这个机会，千万不能轻易挥霍掉，不是吗？

多年前，我写过一篇寓言来解释生命的紧迫性。

水箱

在一个叫图维达（Tuvida）的小镇，水资源的分配是由立法规定的。每当一个婴儿出生，镇委会就举办一次抽签会来决定这个婴儿一生的用水配额。抽签是随机的，配额可能会从100加仑到100万加仑不等。分配的水装在每家后院一个巨大的圆桶中，圆桶装有水龙头。每家的桶都同样巨大，外观毫无差别，你无法知道里面还剩多少水。

图维达的居民有着不同的生活态度。有人记录过去50年每个人的用水量，然后制作统计图预测每个人分配到的水量；有些人用水十分节约，不敢建花园，生怕有一天人还活着，水没了；有些人则想象自己有很多水，于是做浴缸，修喷泉，建泳池；还有人开凿一片湖，和邻居们一起钓鱼、划船、游泳。然而，没有一个人会打开水龙头，让水无谓流淌。偶尔，有人在给草坪浇水的时候忘记关水龙头，可没有人会故意浪费水。

如果你是图维达人，你会怎么使用分配给你的水？如果把你生命中的每一分钟想象成水箱里的水滴，那么你的水龙头有没有在漏水呢？你应该用这宝贵的生命做些什么呢？

人生就是一场即兴表演，我该如何度过这一生呢？我打赌你一定有很多想法。即兴表演的理念能帮助我们找到生活得更好的方法，帮助我们克服拖延和犹疑不定。然而，最终我们必须依靠自己，勇敢地迈出第一步。梦想不分大小，生命的意义和价值就在于通过有目的的行动来实现梦想。当然，过程中会有风险，感到不安也是自然的，甚至是必然的。即兴表演的理念不能保证完美的结果，它只能为我们提供一个机会，加入团队、登上舞台，别忘了你会得到其他人的支持。

为什么还要辜负大好年华？今天就是开始的好机会。我肯定你不会把所有事都做好完美计划才开始行动。学习了这十三条原则，现在的你应该铆足了劲，等着登上人生的舞台，勇敢地冒险、尝试。然后，你会发现自己已经成为即兴世界的一员。我衷心希望你在这个舞台上享受每一次拼搏和挣扎。快登上舞台，行个礼，然后——

开始即兴表演吧！

致谢

即兴表演的教学方式保持了口口相传的传统。老师会创造游戏和练习传授给学生和其他老师，他们又将这些游戏和练习传播开。所以，我们很难追溯一个游戏的原创者。我也是这条“传送带”上的一员，也会负责任地接受读者对我的错误和遗漏提出的批评。我从充满乐趣的即兴表演中领悟了人生的智慧。这些智慧具有普适性，不受时代和文化的限制。

实际上，我是站在两位巨人的肩膀上才完成这本书的写作。一位是特立独行的教育家和戏剧改革者，基思·约翰斯通教授；另一位是人类学家和日本心理学研究领域的权威，大卫·雷诺兹教授。他们教我学会了即兴表演，也领略了生活的真谛。他们教我细心观察寻常事物，心存善念。他们都强调行动的力量、以自我为中心的愚蠢，以及表达肯定和感谢的重要性。

书中的很多观点都不是我提出来的。我使用的词语、建议和练习，很多都源自与雷诺兹教授近二十年的接触，以及他提出的“建构生活”的理念。我引用了很多他的观点，并融合为这十三条原则。如果你发现这些概念有用，我建议你进一步阅读雷诺兹教授的书和自传。当然，即兴的智慧也绝不仅仅是“建构生活”的理论和实践。

同时，我还借鉴了约翰斯通教授的一些观点。他开创性的著作《即兴》改变了我对戏剧和教育的认识，引领我走上了一条全新的道路。20多年来，我一直使用他对即兴剧的认识理念来教导我的学生，我称之为“基思的世界”。这两位大师建立起的理论很多已经融入了我的思想，如果我没能完全理解他们的思想精髓，做出了不充分的诠释，那么希望他们接受我的道歉。

我还要感谢几位对我产生了深远影响的导师：我的太极拳老师、书法家黄忠良，丹尼森大学的马龙·海普教授和威廉·布拉斯莫教授，茶道师、书法家及日本大本教基金会的泽田先生，旧金山湾区BATS剧团的前任院长丽贝卡·斯托克利，弗吉尼亚联邦大学的英语老师格特鲁德·卡特勒。

我还要感谢一直鼓励我的父母，哈利·迈克尔和路易斯·莱恩。父亲总是告诉我，我能做任何想做的事情。母亲也支持我所有疯狂的探险和旅行，如果有一天我告诉她要去月球，她也会帮我收拾行李，再塞给我一点零花钱。她是我见到的第一个永远说Yes的人。

我在美国南部长大，独特的人文环境造就了我奇怪的爱好——了解各种宗教。12岁那年，在我的热切恳求下，我得到了父母的许可，参观各种宗教仪式。我去了犹太教堂、天主教堂、浸信会……我在教友的集会场所进行“人类学研究”。我总是装作和他们有共同的信仰，唱圣歌，与他们一起冥想，渐渐地我成了一个小演员。虽然我对那些祈祷的意义和形式都不甚了解，但是其中的审美情趣深深地影响了我。很明显，我是一个实干家，而不是一个理论家。对我来说，焚香和令人兴奋的圣酒所带来的真实体验，是咏诵天主教教义永远无法企及的。我做过一些只有真正的信徒才被允许做的事情，但我从来没有被喝止过。我很感谢那些神职人员没有把滥竽充数的我轰出去。

在西汉普顿大学面临专业选择时，我选了哲学。因为我觉得哲学就好比是宽广的画布，可以提供“一览众山小”的视野。多年后，我来到加州，调转了原本只对准欧洲和西方文化的视角，开始涉足神秘的东方世界。我感觉到处都有我的老师和支持者。斯坦福大学的工作给我带来了无尽的资源，旧金山湾区也成为我研究和实践东方思想的宝库。

来自斯坦福继续教育项目的马希·麦考尔和杰夫·瓦特尔最先支持我在斯坦福大学开设成人即兴表演课程。现任的项目负责人和副校长查尔斯·强克曼在过去的十多年中不断地鼓励我，慷慨地支持我。如果没有数以千计的学生，我的即兴表演思想就不可能得到发展。斯坦福大学戏剧学院的成员，特别是迈克尔·拉姆塞教授同意将我的即兴表演课程推广到本科，并且为我的团队——斯坦福即兴表演剧团提供了大量的资源。高级讲师约翰·艾克麦迪教授为我制定了公休假政策，给了我充足的时间创作本书，对他的支持和帮助我心怀感激。

旧金山即兴表演社团的成员一直以来都是我的良师益友。我从这些天才伙伴的身上学到很多东西，并且加深了自己对艺术的理解。请允许我列出他们的名字：卡拉·艾尔特、雷夫·柴斯、南·克劳福特、劳拉·德利、丹·戈德斯坦、威廉·霍尔、卡罗尔·哈森菲尔德、斯蒂芬·卡琳、保罗·拉姆、凯特·科比特、布莱恩·朗曼、温特·米德、黛安·拉切尔、雷吉纳·赛斯、芭芭拉·斯科特和妮娜·怀斯。在此，也要向旧金山湾区BATA剧团、宝柏剧院、真小说杂志和三合一剧团的所有成员致谢。通过一场场的演出，你们实践了我在本书中阐述的观点。谢谢你们不凡的勇气以及众多令人惊叹的作品。

我也意外获得了一些财务支持。特别要指出的是，1995年，已故的帕罗奥图的比利·阿里吉斯将一项基金赠予了我的部门，让我可以专职写作。我也要感谢大卫和林恩·米切尔，他们在中间起到了牵线搭桥的作用。

我还要特别感谢斯坦福大学的学生们，尤其是斯坦福即兴表演剧团的160多名成员。琳达·罗伯特促使我建立了这个表演团队，并带领着这个团队参加了世界著名的“即兴剧场运动会”比赛。我要特别提到团队的三位创始人：罗斯·麦考尔负责向继续教育的成人学生宣传介绍我的课程；丹·克莱因是一位天才的即兴表演老师，多年来在我身后默默地支持着我；还有亚当·托宾，在这本书的策划和构思过程中，他总能在我需要的时候出现，慷慨地给予帮助。斯坦福大学的助教们默默地为我打理杂务，让我周五全天都能专心写作，他们的热情深深地感染了我。谢谢你们每一个人。

我生活中的朋友们也给了我很多的支持和帮助。我要特别感谢几位女性朋友，她们一直在身边鼓励我：盖尔·布朗热、特鲁迪·博伊尔、黛拉·布朗、盖尔·格兰姆斯、琼·麦迪逊、林恩·雷纳德、希拉·赛博斯坦和西尔维亚·亚瑟。

苏珊·梅瑟是加拿大的天才作家兼编辑，也是一位不可多得的老师，她帮我列出了这本书需要解答的问题。最后，充满想象力且“足智多谋”的版权代理人萨拉·简·弗雷曼将我介绍给了一位完美的编辑——图奈特·利珀，她完全理解我的创作意图，她的幽默与智慧、耐心与细心，以及超强的语言能力给了我许多的启发和指导。能在全美最受尊敬的心灵书籍编辑的指导下出版这本书，是一份难以置信的幸运。

最后，我要感谢我的丈夫，罗恩。他是最最善良的人，陪我经历了一千多场即兴演出。在我上了10个小时的课、拖着疲惫的身躯回到家时，他会为我做足底按摩，而且始终耐心地听着我杂乱无章的喋喋不休。他的善良、乐观和鼓励让我能够顺利完成这本书的写作。他用他做的每一件事完美地诠释了即兴表演的精神和智慧。

作者简介

帕特里夏·瑞安·马德森从事教学工作已近半个世纪。自1977年起，她就在斯坦福大学戏剧系任教，并于1991年创建斯坦福即兴表演剧团。为表彰她作为本科表演课程带头人做出的杰出贡献，斯坦福大学授予她教学最高奖——丁克斯皮尔奖（the Lloyd W. Dinkelspiel Award）。她定期在伊莎兰研究中心、加州超人格心理研究中心以及斯坦福大学的继续教育项目讲授即兴表演课程。有10年的时间，她还是位于日本龟冈市的大本教日本传统艺术学校在美国的联络人。

帕特里夏与她的丈夫罗纳德·马德森以及他们的喜马拉雅猫——佛陀，一起住在加州的艾尔格兰纳达。在那里，他们运营着加州的“建构生活中心”。这是她写的第一本书。读者可以通过电子邮箱和她的网站联系她。

邮箱：improvwisdom@gmail.com

网址：www.improvwisdom.com

图书在版编目(CIP)数据

即兴的智慧 / (美) 帕特里夏 · 瑞安 · 马德森(Patricia Ryan Madson) 著;七印部落译.
-- 修订本. -- 武汉 : 华中科技大学出版社, 2022.7（2025. 5 重印）
ISBN 978-7-5680-8448-2

Ⅰ. ①即… Ⅱ. ①帕… ②七… Ⅲ. ①成功心理 - 通俗读物 Ⅳ. ①B848.4-49

中国版本图书馆CIP数据核字(2022)第140660号

This translation published by arrangement with Harmony Books, an imprint of Random House, a division of Penguin Random House LLC.

湖北省版权局著作权合同登记 图字：17-2022-091号

书　　名 **即兴的智慧（修订本）**
　　　　 Jixing de Zhihui（Xiudingben）
作　　者 [美] Patricia Ryan Madson
译　　者 七印部落

策划编辑 徐定翔
责任编辑 徐定翔
责任监印 周治超

出版发行 华中科技大学出版社（中国 · 武汉）
　　　　 武汉市东湖新技术开发区华工科技园（邮编430223 电话027-81321913）
录　　排 武汉东橙品牌策划设计有限公司
印　　刷 湖北新华印务有限公司
开　　本 850mm × 1168mm 1/32
印　　张 6.75
字　　数 128千字
版　　次 2025年5月第2版第3次印刷
定　　价 52.90元

本书若有印装质量问题，请向出版社营销中心调换
全国免费服务热线400-6679-118竭诚为您服务